中国水产科学研究院
科研产出及学科竞争力研究

Research on the scientific research output and the discipline
competitiveness of Chinese Academy of Fishery Sciences

欧阳海鹰　闫雪　巩沐歌　编著

海洋出版社

2015年·北京

图书在版编目(CIP)数据

中国水产科学研究院科研产出及学科竞争力研究 /
欧阳海鹰,闫雪,巩沐歌编著. -- 北京 : 海洋出版社,
2015.9

ISBN 978-7-5027-9234-3

Ⅰ.①中⋯ Ⅱ.①欧⋯ ②闫⋯ ③巩⋯ Ⅲ.①渔业 -
科学技术 - 学科建设 - 研究 - 中国 Ⅳ.①S9

中国版本图书馆CIP数据核字(2015)第216272号

责任编辑:朱　瑾
责任印制:赵麟苏

海洋出版社 出版发行
http://www.oceanpress.com.cn
北京市海淀区大慧寺路 8 号　　邮编:100081
北京朝阳印刷厂有限责任公司印刷　　新华书店北京发行所经销
2015年9月第1版　　2015年9月第1次印刷
开本:187mm × 1092mm　　1 / 16　　印张:13.75
字数:260千字　　定价:58.00元
发行部:62132549　　邮购部:68038093　　总编室:62114335
海洋版图书印、装错误可随时退换

《中国水产科学研究院科研产出及学科竞争力研究》

编委会

序

  新中国成立以来，我国渔业综合生产能力大幅提升，国际地位显著提高。在渔业科技创新的推动下，特别是四大家鱼等人工繁殖技术的突破，实现了我国渔业从"捕"向"养"的转折，走出了一条"以养为主"的渔业发展道路，发展成为世界渔业生产大国、水产品出口大国和远洋渔业大国。

  伴随着渔业科技创新能力的不断提升，科技论文、专利和成果的数量得到了快速增长，也引起了越来越多的国内外科技政策分析专家和机构的关注。通过实证分析评价科研机构的科研产出和影响力，不仅是衡量其在世界科研领域的地位和影响力的基本指标，也对科研管理部门制定重大科技决策、推进科研体制机制创新具有重要参考价值。

  中国水产科学研究院作为国家级渔业科研单位，其遗传育种学科已经跻身全球前100的科研团队。我院开展对中国和世界渔业科技发展态势的研究以及对本单位渔业科研产出能力的计量分析和科学评价，是瞄准世界渔业科技前沿，加快创新体系建设的需要，更是实现"中国水产科学研究院中长期发展规划（2009—2020年）"的发展战略目标和任务的基础和前提。

  我院在2011—2013年分别设立了"全院2001—2011年科技文献产出深度分析"、"基于科研产出的我院学科科研竞争力评价"2个基本科研业务费项目，通过系统梳理我院科技论文产出和遗传育种学科的论文、专利和成果，从文献计量学的角度系统地分析了全院及各研究所的科技产出和遗传育种学科的竞争力，对科研管理部门制定重大科技决策、推进科研体制改革、制定十三五学科发展规划具有重要的参考价值。同时，该研究带动了我院信息学科的发展，推动了全院从科研产出角度定量评价研究所和学科发展的工作。

张显良

2015年7月·北京

前　言

　　科技论文的产出是评价科研单位学术、科研水平的一项非常重要的指标，通过文献计量学的原理和方法对科技论文进行分析来评价一所大学、一个科研机构、甚至一个国家和地区的科研产出已经成为一种国际趋势。国内外无论是知名大学还是一般院校的科研实力的综合排序，都会将其公开发表学术论文作为重要依据之一。

　　基于文献计量学方法开展科研评价这一研究热点，我院自2012年系统地梳理了全院和各研究所11年的科技论文产出情况，建立了包括公开发表的中文科技期刊、会议以及SCI、EI论文、学位论文数据库集；并对各所的论文产出进行了量化分析，从论文发表的增长率、作者、研究主题、学科分布、基金、期刊、机构合作、引文等多个方面进行了各类文献的深入分析，并构建了高频作者合作和院各单位合作矩阵，形成可视化网络。

　　同时，开展了基于文献计量学的学科评价研究，从我院十大学科中选取了遗传育种学科，分析学科整体科研产出（论文、专利、成果）的分布结构、数量关系、变化规律，与相关机构的学科研究进行十年跨度的一个评价。

　　通过对科研产出这样系统性的研究和总结，对我院今后开展中观层面（科研机构）科技文献分析研究奠定了坚实的数据基础，为今后系统性、连续性地开展院科技论文产出分析开了一个先河，其统计分析的结果可为我院的科研管理提供数据及决策支撑。从学科的角度研究科研竞争力，科学客观的评价该学科的科研生产力、科研影响力、科研卓越性，有助于明确机构各学科在未来发展和国际竞争中的优势和劣势，达到对机构科研能力现状进行准确定位，为制定学科发展规划从战略高度提供参考。

以上的二项研究对科研管理部门制定重大科技决策、推进科研体制改革具有重要的参考价值。同时，带动了我院信息学科的发展，推动了全院从科研产出角度定量评价研究所和学科发展的工作。

由于成书时间仓促，编著水平有限，难免出现差错，文中不当之处敬请同行专家及广大读者批评指正。

感谢中国农业科学研究院信息研究所、北京市农林科学院信息研究所以及院属各单位的专家、学者的倾力支持和辛勤付出。

编　者

目　录

第1章
基于科研产出的学术竞争力研究

第2章
中国水产科学研究院科技论文产出分析
（2001—2011年）

第3章
基于科研产出的学科竞争力评价
——以水产遗传育种学科为例

第1章
基于科研产出的学术竞争力研究

1.1 科技文献及评价方法研究

1.1.1 科技文献概述

科技文献就是用文字、图形、符号、声频或视频等技术手段，记录科技信息的物质载体。科技文献按照出版类型划分为图书、期刊、会议文献、专利文献、学位论文、科技报告、政府出版物、标准文献、档案和产品样本。本文主要是将科技文献（期刊文献、会议文献、专利文献、学位论文和标准文献）作为主要研究对象，借助文献计量学方法，构建科学合理的科技文献产出多因素评价指标体系。因此，下面主要对期刊文献、会议文献、专利文献、学位论文和标准文献进行概括性讨论。

1.1.1.1 期刊文献

期刊论文是在学术刊物上发表的最初科学研究成果，是科研产出重要的表现形式。目前国际上对期刊论文质量的评价主要有两种方法：一种是同行评议法；另一种是文献计量法。

1.1.1.2 会议文献

参加学术会议是进行学术交流，获取本领域前沿领域最直接的方式。评价会议论文的水平可以从学术会议级别、论文类型、论文被收录三方面评价。

1.1.1.3 学位论文

通常学位论文的完成，要经过答辩，也就是要经过多名本领域的专家评议，只有通过了专家评议的论文才是完成的学位论文，因此学位论文是衡量研究生科研能力的有力证明，也是导师科研能力的体现，同时是人才培养评价的间接指标。对其评价可以从论文的级别和论文的获奖情况等方面进行。

1.1.1.4 专利文献

专利代表技术发明活动的产出，是科研产出的一项重要表现形式，借助专利指标和数据能够分析国家、机构和个人的发明活动、技术发展水平和科研能力。专利的类别可以大致反映专利的水平与质量，但是同时还要根据专利的被引情况和专利的申请范围来确定专利的水平。

1.1.1.5 标准文献

标准也是科学研究的一项重要产出。一项标准的制定通常要经过严格的审查，评价一项标准的水平常常可以从标准的级别和标准的水平等方面进行。

1.1.2　科技文献的基本性质和社会功能

1.1.2.1　科技文献的基本性质

科技文献具有知识性、语义性、语言性、信息特性、可加工性、价值性、老化性、独立性以及兼容性等特点。

1) 文献内涵的知识特性

文献是知识的记录，知识是智力活动的产物，知识一经存入物质记录载体即构成了文献，可见，未记录知识的载体和为存入载体的知识都不可能成为文献，这说明通过文献载体而流传的知识和载体是不可分的。

2) 文献的语义性与语言性

文献作为人类交流思想和成果的工具，由于人类交往的特殊性，其交流必然借助于一定的符号系统，对于文献来说，是通过语义、语言（包括符号、图形）来发挥其功能的。

3) 文献的信息特性

各种文献都含有一定的信息，由于这一个信息具有人类活动的特征而成为情报，其作用能解除人们认识中的不定性并引起人的思维。

4) 文献的可加工性

对于任何文献都可以在原有基础上进行各种形式的加工，其加工目的可以是多方面的，加工产物为原文献的代用品或在原文献基础上产生的新文献。

5) 文献的价值性

文献是具有价值的，它的价值在于内涵，反映在人类的多方面需求和利用之中，在利用过程中文献价值按照一定规律变化。

6) 文献的老化性

文献的价值随时间的推移而衰减的现象称为文献老化，这种老化是文献内涵知识信息的老化，这一点与物质价值的变化存在着本质的区别。

7) 文献对创造者的独立性

文献一经脱离创造者而流通，便属于全人类的财富，将不以创造者的意志为转移而发挥作用。

8) 文献形式的兼容性

同一知识可以用不同形式记录，多种记录形式并不影响知识本身，表现为形式相对于内容的兼容性，由此可以在多种记录形式中择其最佳的形式。

1.1.2.2 科技文献的社会功能

科技文献的性质决定了它所特有的社会功能：

（1）文献是人类活动的记载，科技文献汇集和保存着人类的科技财富，是全人类分享、利用的宝库，是人类科技事业得以发展的资源；

（2）科技文献反映了科学技术的发展状况，因而是衡量某一时期、某一国家科技发展水平的标志，也是评价某一团体、某一个人成果价值的重要根据；

（3）科技文献是确认科学发现或技术发明优先权的基本依据，这一依据对于科学技术的发展具有特殊意义；

（4）科技文献是科技技术得以继承、借鉴和发展的阶梯，通过文献科技知识得以总结，通过文献流传与利用，科学技术将在新的起点上发展；

（5）科技文献是将科学技术转变为生产力的重要桥梁，通过科技文献的传递，科技成果将得以最广泛的应用，从而促进社会生产的发展；

（6）科技文献是传播科技情报的主要媒介，因而是人类进行科技交流的工具，在科技活动中具有"纽带"作用。

1.1.3 科技文献产出评价的主要方法

科技文献产出的评价方法可以分为两种：定性评价与定量评价。定性评价是评价者根据其价值观与历史观对研究成果进行概括性、总体性的评价。定量评价是评价者根据数据对研究成果进行具体精细、量化的评价。一般来说，定性评价的结果有一定的科学性与权威性，而定量评价比定性评价更具体、更精确、更具操作性。多个要素多个角度所展开的科研产出评价即为综合评价。

1.1.3.1 同行评议法

评价方法是社会科学评价体系中重要组成部分。定性评价强调评价者依据自身的研究水平与经验对评价对象进行间接判断，其中最主要的方法是同行评议。同行评议是国内外研究学界以及行政管理部门实行时间最长最普通的评价方法，也是目前社会科学研究评价中传统的常用评价方法。

美国国家科学基金会（NSF）从研究项目的申请的角度将同行评议定义为："申请者同一研究领域的其他研究人员的评价"。国内有学者将同行评议定义为：按一定的评议标准和规则，利用若干同行的知识和智慧，对科学成果的潜在价值或现有价值进行评价，对解决科学问题的方法的科学性及可行性给出相应判断的过程。同行评议中的"同行"即为研究共同体的小社会，同行们通常采用类似的标准标价某一研究成果，因此同行评议的公正性是相对的。

1.1.3.2 科学计量法

科学计量法是定量评价社会科学研究的重要手段，弥补了同行评议中定性评价的不足与缺陷。科学计量学是运用数学和统计学方法来研究书籍和其他文献信息载体的学科。它的目标是通过各类型文献，测定科学研究的产出。科学计量学对学术论文的评价包括数量和质量两个方面。论文数量是单一学者、研究团队、研究机构、地区或者国家在一定时间范围内发表论文的总篇数，一项研究工作的质量是以它对所在领域的影响程度来衡量的。科学计量学的评价指标包括论文数量、被引次数、影响因子、合作者数量等。有众多学者对利用科学计量学指标评价学术论文质量应该注意的问题进行过研究。美国学者Kostoff通过对相关研究成果进行归纳得到，利用引文分析方法评价学术论文质量主要存在两类问题：一是被引用次数有关的问题；二是对被引次数进行比较过程存在的问题。Moed认为使用引文分析方法评价基础科学研究产出表现主要包括五个方面的问题：一是数据采集与数据精确性问题；二是科学引文索引收录文献的覆盖范围与偏好；三是一般效度问题；四是评价指标以及效度问题；五是引文分析应用于解释过程中要注意的问题。但我国学者对以SCI数据库为基础进行科研评价一直存在争论，褒贬不一。但自从SCI数据库被引入我国以来，其在科研管理部门中就占据着重要地位。

在科学计量学运用兴起之前，对科学活动的评价主要为同行评议，但是评价者的参与非常容易掺杂个人的主观意见。Garfield教授提出应该用公开的、正式的科学交流系统反映科学的发展情况。科研产出的主要形式"科学文献"成了定量分析科学发展情况的主要数据基础，只要是与科学有关的定量评价，科学计量学指标的运用是必不可少的。利用科学计量学工具对科学活动产出的科学文献进行分析，可以观察科学发展状态，确立一个国家科学研究水平在世界上的相对位置，一个研究机构在一个国家的相对位置，一个科学家在他所处领域的相对位置。科学计量学已经成为科技管理决策和科学评价的辅助手段。

1.1.3.3 综合评价方法

综合评价方法主要有两类：第一类是基于对原始数据进行分析和挖掘的方法，例如：数据包络分析法、主成分分析与因子分析法、熵值法等；第二类是基于专家综合判断决策的方法，例如：模糊综合评价法、德尔菲法、层次分析法等。两者各有优劣。前者的优势在于借助数学方法，通过数据挖掘，找出评价目标所包含的信息，数理逻辑清晰，科学性较强。但对数学方法、指标选取、数据的精准性依赖程度较高，定性分析不足。而后者的优势在于能够与区域发展目标、专家的主观定性判断结合较紧，对统计数据的依赖程度较低，但主观性太强，数理逻辑性较差，定量分析不足。因此，对于基于数据的评价方法，应该发挥其在挖掘数据方面的优势，克服定性分析的不足。对于基于专家判断的评价方法，则应发挥其专家定性分析的优势，克服其定量分析的不足。

1.1.3.4 数据包络分析法

数据包络分析法在分析"投入－产出"问题方面具有明显的优势，但对统计数据依赖程度高，难以处理数据资源紧张的区域评价案例。此外，由于各地情况千差万别，指标的目标值难以确定，数据包络分析法也难以用于不同区域的比较分析之中。利用主成分分析和因子分析法，能较好地挖掘指标包含的信息，分析指标成因，适用于因素重要性排序和成因分析，较易开展多个区域（案例）的比较分析。但对数据量、分布状况、相关性等都有较高要求。熵值法能较好地反映指标间的信息差异，对数据要求较低，运算过程较为简单，适用于主观评价为主，定性与定量分析相结合的区域分析评价。

1.1.3.5 模糊综合评价法

模糊综合评价法能较好地以定量方法解决指标的模糊性及不确定性问题，但难以剔除对信息重复或矛盾问题，其权重确定等多个步骤也是依赖主观判断，科学性尚待提高。德尔菲法能较好地克服专家"打分"主观性太强的弊端，但对多指标复杂系统的定量评价存在明显不足。层次分析法能够通过建立层次结构以及判断矩阵给出较为合理的权重，还能对其一致性进行检验，科学性较强，但专家的主观性对评价结果的影响仍然较大。

1.2 科技文献产出评价现状

科技文献产出是评价科研单位学术、科研水平非常重要的一项指标，通过文献计量学相关指标，如影响因子、被引频次等可以定性加定量综合评价个人或机构的学术活动和学术影响力。

近20年来，我国各高等院校、科研院所以及政府部门一直将科技论文的产出评价作为评价某单位或某个人科研能力水平和科研成果的重要指标。科学合理的科技论文的产出评价有利于为科研人员营造良好的科研激励氛围，激发科研人员的学术创造潜能，增强其学术研究的持久创新能力。进入21世纪以来，世界各国每年论文发表数量激增，据SCI统计2007年全球共发表科技论文约212万篇，其中中国发表科技论文约20.8万篇。每年如此庞大的科技论文数量对科技论文产出评价指标的科学性和可行性提出了更高的要求。因此，科学合理的论文产出评价指标体系对科技论文影响力的评价乃至科研人员水平和科研单位研究能力的评价具有非常重要的意义。

1.2.1　国内科技文献产出评价研究现状

我国科学评价从新中国成立初期的行政评议到同行评议再到指标量化评价，再到20世纪80年代，邱俊平等学者将文献计量学方法引用国内，开创了国内的文献计量方法研究。到20世纪90年代，同行评议与科学计量分析等多种评价方法综合评价在我国科研机构和科研人员的评价中得到了广泛的应用。科研评价问题也得到了迅速的发展，评价方法研究已经不再局限于实践经验的探讨交流，而开始向方法模型研究、评价指标系统研制等方面发展。清华大学和中国科学院科技政策与管理科学研究所承担了国家科技部的有关科研评价的软课题；中国科学院文献信息中心开展了"国家自然科学基金绩效评估研究"；1995年，中国社会科学院设立了"社会科学成果评估指标体系的研究与设计"重要课题，通过德尔菲法进行专家咨询，设计了较为完整的指标体系，在院内试运行后于1997年通过了专家鉴定。20世纪末到21世纪初，中国科技信息研究所研制的"中国科技论文统计与引文分析数据库"（CSTPC）、中国科学院研制的"中国科学引文数据库"（CSCD）、南京大学研制的"中国人文社会科学引文科学引文索引"以及中国社会科学院文献情报中心研制的"中国人文社会科学引文数据库"等成果相继推出，为我国的科研评价提供了全面、系统的现代化工具。在综合评价方法研究方面，1982年，层次分析法通过国际学术会议介绍到我国，立即在学术界引起了研究热潮，并很快被应用到科研评价实践中。DEA方法、灰色系统方法、人工神经网络方法、TOPSIS法等评价方法在国内也得到了研究和发展。

同期，社会学科的评价体系发展过程也可分为三个阶段：第一个阶段从1982—1993年开始，社会科学研究的评价自发、分散的形式，整个社会对社会科学研究评价的关注度不高，主要是学术界内部的活动，以同行间的评价为准；第二个阶段1994—2000年，国家和学术界开始有组织的研究阶段，主要是围绕学术规范的建立进行的讨论，关于评价和评价体系的构建逐步受到人们的关注，由中国社科院立项并牵头完成的优秀研究成果《社会科学成果评估指标体系》标志着社会科学评价研究的评价进行全面系统研究。学术评价开始在学术界广泛开展。南京大学研制的中文社会科学引文索引（CSSCI）数据库为社会科学评价提供了基础的引文数据库评价平台，万方数据资源系统、CNKI、维普等文献资源库在科研评价中得到广泛应用；第三阶段从2001年至今，武汉大学、南京大学、中国科学院等对学术评价展开广泛研究，出现一系列具有中国特色的研究成果。主要包括武汉大学中国科学评价研究中心组织研制的《中国学术期刊评价研究报告》；南京大学中国社会科学研究评价中心研制的《中文社会科学引文索引（CSSCI）》数据库；中国科学院研发的中文科学引文数据库(Chinese Science Citation Database，简称CSCD)评价系统。

1.2.2　国外科技文献产出评究现状

1.2.2.1　美国科技文献产出评究现状

美国社会科学研究评价主要以同行评议结合定量评价指标对研究项目、研究成果、研究人才和机构各方面多角度进行探讨。

对研究项目评价，美国政府主要通过国家科学基金和艺术与人文基金对社会科学研究进行评价。1993年，美国国会通过了政府绩效法案（GPRA，Government Performance and Results Act），通过5年的战略计划的制订，并分析报告年度绩效目标完成情况。2002年，管理与预算办公室开发了项目评估定级工具，与GPRA一起用于测定联邦的绩效，并确定合理的年度预算。国家科学基金的工作绩效也是通过GPRA法案和项目评估定级工具进行检测。

1965年，美国国会通过国家艺术与人文基金法案，设立国家艺术与人文基金，支持艺术与人文科学研究，使用同行评议的方法进行立项评审，其产出与影响的各项具体基本指标都用于对项目的绩效评价。

美国的社会科学研究成果评价管理体系建立相对比较完善，始终强调社会科学研究成果为人们谋福利，并改造社会，衡量经济价值的标准就成为了衡量社会科学研究有效性的首要标准。

社会科学研究人员作为研究主体，对同领域和相关领域的研究成果进行同行评议。由于社会认识度的不同，同行评议的公正性客观性一直受到不同程度的质疑。美国国家科学基金会在评价体系的不断发展和调整中，不止一次地肯定了同行评议的重要性和可行性，同时对其公正性和客观性提出质疑，通过规范操作过程，综合文献计量等定量的方法进行了综合补充，民意测验，社会实验等总体性应用性的社会评价方法在美国也得到了广泛的应用。

研究人员的研究成果多以论著形式体现，研究机构的研究成果多以研究人员团体成果的形式出现，对研究人员和研究机构的研究水平评价融入到对研究项目、计划和对研究机构、地区、国家研究的评价中，评价方法以同行评议与文献计量方法相结合为主。

1.2.2.2　英国科技文献产出评究现状

英国学术评价具有其独特性的特点：评价主体是政府。英国各地的高等教育拨款委员会（HEEFCs，Higher Education Funding Council for Scotland）每4年开展一次全面的研究评估活动（RAE，Research Assessment Exercise）。对英国高校研究水平进行同行评议，评议结果用于大学科学研究基础设施经费分配。

20世纪80年代英国的学术评价已经广泛用于英国大学及其研究人员的研究绩效。这些措施作为政府"新公共管理"措施来开展，并征求相关的专业学会对评价开放性和公平性的意见。

英国关于评价的研究主要从以下几个方面来评价：①产出即出版物数量；②影响即引文量；③质量；④效用，由研究人员从其他机构得到的外部收入以及实验室获得的专利数和合同数量等指标进行测评。这种评价方法对社会科学各个学科影响较大，如效用指标由外部收入、专利和合同来测评，对自然科学和工程科学更为实际，这种基于市场规律的强调投入-产出评价方法使社会科学颇为尴尬，直接导致了评价指标系统量化方法受到广泛的质疑。

1.2.2.3　德国科技文献产出评究现状

在德国，同行评价是主要方法，主要是小规模的评价活动。德意志研究联合会（DFG）和洪堡基金是提供基础科研资助的主要机构。德意志研究联合会是德国最大的科学研究资助机构，宗旨是"通过财政上支持研究课题和促进科研人员的合作为所有学科提供服务。"其支持任何自由申请的课题，洪堡基金会成立于1860年，主要资助世界各国最优秀的科研人员到德国的大学及科研机构做访问学者。洪堡基金会评价大学和研究机构的一个重要指标即是其每100位教授与引进的洪堡奖学金获得者人数比，2003年洪堡基金会通过统计分布来确定德国大学2003年科研地位排行榜。

1.2.2.4　日本科技文献产出评究现状

20世纪90年代日本通过一系列的法律制度对政府研究评价实施方法进行规范化，对开展评价的各方面事项都作了必要说明，各个政府部门在制度的框架范围内开展评价工作。对科研绩效的评价依据主要是著作和学术论文的数量、质量、创新、引用率、研究的指标能力等；评价指标有论文发表数量和引用次数、著作出版、学术论著等一系列指标，提出了开放型研究评价体系的基础框架，对不同的评价对象和评价内容，按研究的目的、任务、性质、方式、规律和时间进行分类，采用不同的实施方法。

其他一些发达国家，如法国、加拿大、澳大利亚、瑞典、韩国等国家也相继深入地进行了适合本国国情的科研绩效评估应用研究。经济合作与发展组织（OECD）、联合国教育、科学和文化组织（UNESCO）等国际性组织发起的建立国际性标准科研评价的科学指标框架也已经取得了一定的成效。

目前，比较一致的观点是社会科学领域使用文献计量方法存在一定局限性，需要通过本国或本地区完备的引文库，设置适合社会科学各学科特点的评价指标进行文献计量研究后，再与同行评议方法相结合使用将是未来评价方法的走向。通过国外社会科学研究评价现状可知，科学研究评价方法的使用，定量指标如何使用，取决于管理层的宗旨，评价风格还与社会、民意等外在社会环境因素密切相关。

1.3　科技文献产出评价指标体系研究

1.3.1　科技文献产出评价指标体系设计步骤和原则

1.3.1.1　科技文献产出评价体系设计的步骤

科技文献产出评价指标系统（图1-1）的设计步骤如下：

第一步：明确评价的范围和目标；

第二步：分析科技文献的属性特征；

第三步：选取文献计量特征指标，设计评价指标体系；

第四步：从数据源（CNKI、维普等）获取数据，利用分析工具进行评价。

文献属性特征是系统的输入变量，文献计量特征指标是系统的要素，数据来源与分

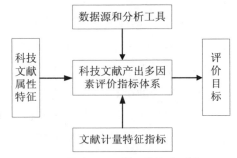

图1-1　科技文献产出评价体系框架

析工具属系统的资源环境，评价目标是系统的输出结果。通过对评价系统目标分析，明确组成系统的基本要素，寻求系统可用的资源环境，准确地判定评价标准，提出可行的评价方案和流程，有效开展评价工作，取得满足需求的评价结果。

1.3.1.2　科技文献产出评价体系指标选取原则

1）系统性原则

评价体系必须用若干指标进行衡量，指标间互相联系和互相制约，同一层次指标尽可能的界限分明，体现出较强的系统性。同时保证评价体系中的每一个指标都有明确的内涵和科学的解释，要考虑指标遴选、指标权重设置和计算方法的科学性。

2）公正性原则

确保被选择的指标具有可比性，可比性是保证公正性的前提，符合可比性条件要求

的指标是通过国家和社会权威机构、遵循严格程序和评选标准确定的人和事物，确保评价指标在理论上站得住脚，同时又能反映高校的客观实际情况。

3）可操作原则

确保被选择的指标简单、实用、可重复验证。评价操作尽量简单方便，但需要保证数据易于获取，且不能失真。确保评价指标体系繁简适中，计算方法简单可行，在基本保证评价结果的客观性、全面性的前提下，指标体系尽可能简化，减少或去掉一些对结果影响甚微的指标。严格控制数据的准确性和可靠性，评价结果他人可以按照同样的程序复核。

4）导向性原则

确保被选择的指标具有持续性、导向性功能。

1.3.2　科技文献产出评价指标体系设计

1.3.2.1　明确评价的范围和目标

科技文献产出指标体系首要任务是限定问题（范围）、确定目标（目的）。

本课题的科技文献产出指标体系的范围是中国水产科学研究院海区研究所（黄海水产研究所、东海水产研究所、南海水产研究所）、流域研究所（黑龙江水产研究所、长江水产研究所、珠江水产研究所、淡水渔业中心）、专业研究所（渔业机械仪器研究所、渔业工程研究所）、增殖实验站及院部（中国水产科学研究院）等11个研究单位的科技文献（期刊文献、专著和专利文献等）。

本课题的科技文献产出指标体系的目的是通过选择计量指标，运用合理的计算方法，借助有效的计量工具，对这11个研究单位科技文献的数量、质量等文献计量学指标计算并进行多角度定量定性分析。主要实现以下几个方面的分析目标。

1）科研机构综合科研实力评估

科研机构是一个国家科技创新能力的重要体现，在提升国家综合实力、创新能力、科技竞争力等方面发挥着主导作用。基于文献计量的角度，通过文献发表数量、被引篇数及频次、专利数量以及合作论文数量等指标，对科研机构的成果（科技文献）进行分析得出科研机构的综合科研实力总体情况。

2）核心作者（群）学术力评估

科技文献的作者是推动学科发展的主体，对机构或学科的核心作者研究无疑具有重要意义。核心作者群是具有较高的学术产出和学术影响力的作者集合，是学科发展和创新的主体。对作者的发文量、被引次数、篇均被引频次、H指数等多方面指标采用文献计量、引文分析、数理统计等方法，并综合以上指标用定量的方法对核心作者学术力进行综合评估。

3）学科发展评价

学科发展评价则在于客观科学地分析被评学科目前的发展基础、发展状况和态势，预测将来发展可能达到的程度，发现学科发展过程中存在的问题，分析问题产生的原因，探讨解决问题、促进学科发展的对策。开展学科发展评价，从而为制定学科发展战略以及进行学科建设和管理提供直接、有力的支撑。

4）最新科研动向（领先研究领域）分析

基金论文的生产能力是衡量这个学科科研实力和水平、科研组织能力及学科社会地位的重要标志，而权威期刊刊载基金资助论文往往代表着该研究领域的新动向、新趋势、制高点。研究科学基金资助研究论文生产能力，对了解科研机构科学发展动向具有重要的现实意义。

5）科研人员需求信息的特点分析

分析引文是研究科研人员使用信息的一种重要途径。根据科学文献的引文可以研究人员的信息需求特点。一般来说，附在论文末尾的被引用文献是科研人员所需要和利用的最有代表性的文献。因此，引文的特点可基本反映出用户利用正式渠道获得信息的主要特点。通过对科研人员所发表的论文的大量引文统计，可以获得与信息需求有关的许多指标，如引文数量、引文的文献类型、引文的语种分布、引文的时间分布、引文出处等。这样就可以从中挖掘出科研人员需求信息的特点。

1.3.2.2 科技文献产出相关属性分析

科技文献产出是衡量和评价科研单位学术科研水平非常重要的一项指标。从科技文献中可以获得作者、作者机构、关键词、参考文献、分类号以及基金项目等相关因素。通过对这些因素的统计和分析，可展开计量分析、主题揭示、关联挖掘和综合评估等多种针对科技文献产出因素以及相关关系的评价，从而获取对科技文献产出相关因素更深入全面的认识。

与科技文献产出相关的因素如下。

（1）科技文献，是学术刊物上发表的科学研究成果，是科研产出的最主要的表现形式。

科技文献〔题名、作者、机构（单位）、摘要、关键词、参考文献、发表期刊或会议〕——基准要素

（2）作者，科技文献的主要创作者，是科技文献产出的源头。

作者（姓名、性别、出生年月、职称、单位、邮箱、研究兴趣）——外部要素

（3）期刊，科技文献产出的媒介和主要载体。

期刊（名称、ISSN、主办单位、地址、邮箱、出版周期、是否核心）——外部要素

（4）机构（单位），是科研人员联系形成科研团体的主要方式。

机构（名称、负责人、地址、邮编）——外部要素

（5）基金，是资助基础科研工作的主要方式。

基金（名称、编号、类别、起止时间、额度、主持人、依托单位）——外部要素

（6）关键词，作为科研人员对科研成果内容提纲挈领的体现，是科技文献产出的主要内容特征。——内容要素

从科技文献产出的基本要素及其之间的语义关系（图1-2）中，我们可以分析得出，科技文献产出评价大致分为3种类型：①文献产出和影响力评价；②相关要素综合评价，作者的学术影响力评估，科研机构的综合科研实力评估，期刊影响力评价等等；③关键词及其关系分析评价。

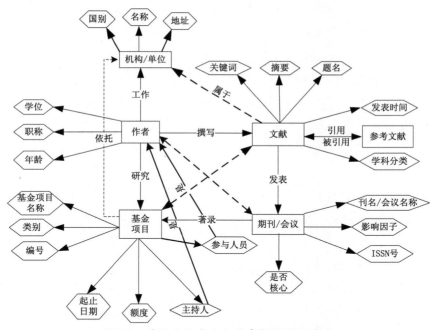

图1-2　科技文献产出各要素间的语义关系

1.3.2.3　科技文献产出指标收集

科技文献产出的评价指标主要有以下。

1）期刊文献

期刊水平。论文在某一期刊上发表，一般都要经过同行的评议，因此一般高水平的期刊刊载的论文质量都较高，期刊水平基本上能够反映论文水平。

按照期刊水平分类，可划分为4类：①国际检索系统收录的期刊，即SCI／SCIE、

EI、SSCI／SSCIE、MEDLINE收录的源期刊；②权威核心期刊，即被中国科技期刊引证报告、中国社会科学索引、北京大学中文核心期刊目录任意两个报告收录的期刊；③核心期刊，即只被中国科技期刊引证报告、中国社会科学索引、北京大学中文核心期刊目录其中一家收录的期刊；④普通期刊，未被中国科技期刊引证报告、中国社会科学索引、北京大学中文核心期刊目录收录，但被万方全文期刊库、同方期刊全文库、维普期刊全文库等检索系统收录的期刊。

论文类型。发表在期刊上的论文类型是多种多样的，不同类型的论文质量是不相同的。

按论文类型可划分为5类：①理论研究性论文，即理论与应用研究性学术论文、综述报告等；②研究报告类论文，即自然科学的实用性技术成果报告和社会科学的理论学习与社会实践总结等；③业务指导与技术管理性论文，一般包括领导讲话、特约评论等；④一般动态性信息，例如通讯、报道、会议活动、专访等；⑤文件、资料，例如历史资料、统计资料、机构、人物、书刊、知识介绍等。

论文被引数。论文被引是目前国际上比较公认的文献计量学指标，一般论文被引用的次数越多，论文的质量就越高。

论文参考文献数。论文参考文献的列入显示了科学的继承性，是对他人成果的尊重，也是吸取外部信息能力的表示，还是论文水平和质量的体现等。

基金情况。国家把有限的资金投入到科学研究的前沿帮助科研工作者的研究工作，是为了提高我国相对落后的科学技术水平，因此不管科研工作者申请到何种基金，都说明他们的研究具有一定的价值。为了便于操作，根据论文被基金资助的情况分为：获国家级资金资助、获省部级资金资助、获地市局级基金资助。

2）会议文献

学术会议级别。一般来说，学术会议级别越高，学术会议质量越高，会议论文的质量也就相对较高。按照会议举办的规模分为：国际学术会、全国学术会议、地方学术会议。

会议论文类型。根据会议论文的发表场合不同，可以分为以下三个类型：一是特邀报告；二是大会报告；三是专题或分组报告。

会议论文被收录。依据会议论文被检索工具收录可分为：被ISTP收录；被中国学术会议全文数据库（PACC）、中国重要会议论文全文数据库收录（CPFD）。

3）学位论文

论文类别。按照学位级别可以分为：硕士论文、博士论文。

论文获奖。论文获奖同样是经过专家评议，因此可以按照获奖分为：全国优秀论文、省级优秀论文、校级优秀论文。

4）专利文献

专利类别。不同类别的专利代表的价值不同，根据专利类别可以分为：发明专利、实用新型、外观设计。

专利被引。据统计，一项专利从公开到被引用大概5年以上。一般来说，70%的专利要么从未被引用，要么被引用一两次。如果一项专利被频繁引用，说明该专利为该领域的基础专利，具有一定的技术先进性。

5）标准文献

标准级别。《中华人民共和国标准化法》将标准划分为国家标准、行业标准、地方标准和企业标准4个层次。

标准水平。按照标准的水平划分为：国际先进水平、国际水平、国内先进水平、省内先进水平。

1.3.2.4 科技文献产出指标评价体系

1）科研机构综合实力评估（表1-1）

表1-1 科研机构综合实力评估

目标层	I	II
科研机构综合实力评估	A科研机构生产力 0.3	A1国内文献发表数量 (0.35)
		A2国外文献发表数量 (0.4)
		A3人均发表文献数量 (0.25)
	B科研机构影响力 0.20	B1核心期刊发表文献数量 (0.20)
		B2SCI/EI收录文献数量 (0.25)
		B3被引篇数(0.10)
		B4被引频次 (0.15)
		B5高被引用文献数(0.15)
		B6被知名数据库收录数量 (0.15)
	C科研机构创新力 0.35	C1公开的专利数量 (0.15)
		C2国内外专利授权数 (0.15)
		C3科技成果数量 (0.15)
		C4获得科技奖励数 (0.2)
		C5科技成果转换数 (0.2)
		C6基金资助数量 (0.15)
	D科研机构合作力 0.15	D1会议文献发表数量 (0.5)
		D2与其他机构合作文献率 (0.5)

A科研机构生产力：反映科研机构科研产出能力

B科研机构影响力：反映科研机构的学术水平和影响力

C科研机构创新力：反映科研机构的自主创新能力和创新水平

D科研机构合作力：反映科研机构与国际、国内交流的活跃程度

合作（国内、国际合作）研究是增强研究力量、互补优势的方式。特别是一些重大研究项目，单靠一个单位，甚至一个国家的科技力量难以完成。因此，合作研究也是一种趋势，这种合作研究的成果产生的论文显然是重要的。

A1国内文献发表数量：2001—2011年，国内文献发表数量

A2国外文献发表数量：2001—2011年，国外文献发表数量

A3人均发表文献数量：发表论文总数/作者总数

B1核心期刊发表文献数量：∑期刊影响因子×篇数

B2SCI/EI发表文献数量：SCI/EI收录的论文总数

B3被引篇数：∑被引数量

B4被引频次：被引用次数

B5高被引用文献数：论文中被引用数目较多的文献数量

B6被知名数据库收录数量：SCI\EI\ISTP\ISR

C1公开的专利数量：2001—2011年专利总数

C2国内外专利授权数：2001—2011年，国内外专利授权总数

C3科技成果数量：2001—2011年科技成果数量

C4获得科技奖励数：2001—2011年获得科技奖励数量

C5科技成果转换数：2001—2011年科技成果转换数量

C6基金资助情况：2001—2011年基金资助情况

D1会议文献发表数量：2001至2011年会议文献数量

D2与其他机构合作文献率：$C=No/(No+Ns)$，式中：C为合作率；No为合作论文总数；Ns为独立论文数

科研机构综合实力评价模型是将多个指标的评价值综合在一起，已得到一个整体性的评价。使用的评价模型是线性评价模型：$y=\sum_{i=1}^{n} x_i \sum_{i=1}^{m} w_j z_j$，其中：$i$为一级指标序列；$j$为二级指标序列；$X_i$是一级指标的权重；$W_j$为二级指标数值；$Z_j$为二级指标权重。

2）核心作者（群）学术力评估（表1-2）

核心作者（群）分析二级指标权重说明：

A发文综合评分

A1发表文献数量：2001—2011年发表的文献数量。

A2合作数：作者可以独立创作的，也可以合作创作的。$w_i = \dfrac{n-i+1}{\sum_{n=1}^{n} i}$，$i$是作者排名，$n$为作者数量。

B引文综合评分

B1总被引次数：被引用次数越多，说明受人关注的程度越高，它的影响也就越大，其学术影响力越大，在一定程度上体现作者论文的学术质量和学术价值。

B2自引次数：自引进行了0.6的折算。

核心作者（群）学术力评价模型是：

核心作者学术力=发文综合评分+被引综合评分=0.40×（发文数－合作数＋合作数×W_i）＋0.60×（总被引次数－自引次数＋自引次数×0.6）

其中：$w_i = \dfrac{n-i+1}{\sum_{n=1}^{n} i}$，$i$是作者排名；$n$为作者数量

表1-2　核心作者（群）学术力评估

目标层	I	II
核心作者（群）学术力评估	发文综合评分 40%	发表文献数量
		合作数
	引文综合评分 60%	总被引用次数
		自引次数

3）学科发展评价（表1-3）

表1-3　学科发展评价

目标层	指标	解释
学科发展评估	学科文献数量时间分布	热门学科分析
	学科文献数量增长速度	
	学科关键词及频次	学科活跃研究领域
	学科题目及频次	
	学科被引用率	学科关注热门文献
	学科引文次数时间分布	学科发展历史、预测发展趋势

4）最新科研动向分析（表1-4）

表1-4　最新科研动向分析

目标层	指标	解释
学科发展评估	基金论文总数量	国家基础科学研究领域关注度
	基金论文逐年数量分布	国家基础科学研究领域关注度
	基金名称分布	资助基金资助特征
	基金种类分布	
	基金论文主题分布	战略布局领域分布、多学科性
	基金论文高频关键词	
	基金论文被引用率	影响力评估

5）科研人员需求信息特点分析（表1-5）

表1-5　科研人员需求信息特点分析

目标层	指标	解释
学科发展评估	引文数量	反映科研人员对已有研究成果和最新信息的利用能力
	引文国别	弄清与国际文献交流的数量和流向
	引文语种分布	反映科研人员对外文文献利用能力
	引文文献类型	有利于确定文献情报搜集的重点
	引文时间分布	吸收新信息和新成果的能力

第2章
中国水产科学研究院
科技论文产出分析
（2001—2011年）

2.1 全院科技论文产出深度分析

科技论文的产出是评价科研单位学术、科研水平的一项非常重要的指标，通过用文献计量学的原理和方法对科技论文进行分析来评价机构或地区的科研产出已经成为一种国际趋势。本书基于文献计量的方法对中国水产科学研究院2001—2011年间各主要研究所发表科技论文（中文期刊论文、中文会议论文、SCI论文）进行定量的分析，对发文量、作者、机构、发文期刊、基金资助、被引用情况等进行客观的描述，构建高频作者合作矩阵和院各单位合作矩阵，形成可视化网络图，以期为科研管理部门全面了解全院及各研究所论文产出现状提供信息支撑。

2.1.1 中文期刊论文

2.1.1.1 论文数量

1）论文数量描述性统计

2001—2011年，全院发表国内期刊论文共计10 024篇，其中第一作者或通讯作者发文为9 112篇，占发文总数的90.92%。近10年来发文数量总体呈上升趋势，年均增长率[①]达11.3%。发文数量按年度分布如表2-1和图2-1，其中第一作者或通讯作者发文占全部发文比率[②]如图2-1中绿色线条所示。院属各所发文量最高的是黄海水产研究所黄海达2 183篇，其中第一作者或通讯作者发文为2 092篇，南海水产研究所位居第二达1 696篇，其中第一作者或通讯作者发文为1 525篇。院属各所发文量见表2-2和图2-2。

表2-1 2001—2011年全院中文期刊发文量变化趋势

单位：篇

年份	2001	2002	2003	2004	2005	2006
发文量	427	462	549	713	914	981
发文量（第一/通讯）	385	412	516	641	848	893
发文率	0.901 639	0.891 775	0.939 891	0.899 018	0.927 79	0.910 296
年份	2007	2008	2009	2010	2011	总计
发文量	973	1 104	1 249	1 274	1 376	10 022
发文量（第一/通讯）	869	1 006	1 140	1 151	1 251	9 112
发文率	0.893 114	0.911 232	0.912 73	0.903 454	0.909 157	0.909 2

---

①年均增长率 ＝（期末数额/基期数额）×（1/年限）－1。
②发文比率 ＝ 第一作者或通讯作者发文量/全部发文量。

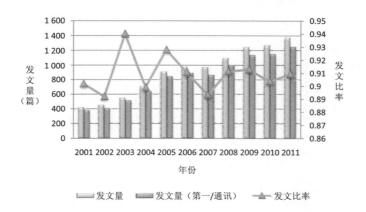

图2-1　2001—2011年全院中文期刊发文量变化趋势

表2-2　院属各所中文期刊发文量

单位：篇

单位	院部	黄海所	南海所	东海所	黑龙江所
发文量	420	2 183	1 696	1 694	1 075
发文量（第一作者/通讯作者）	298	2 092	1 525	1 514	957
科研人员平均发文	0.71	0.96	0.90	0.89	0.89
单位	长江所	珠江所	渔机所	淡水中心	渔工所
发文量	647	1 091	330	1 240	37
发文量（第一作者/通讯作者）	490	995	286	1 007	24
科研人员平均发文	0.76	0.91	0.87	0.81	0.65

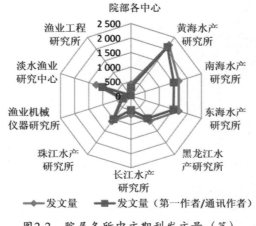

图2-2　院属各所中文期刊发文量（篇）

2）论文数量相关性分析

科技论文产出与研究机构的众多因素相关，是一个十分复杂的问题，本文选取了科研人员数量、硕博士总量、科研人员职称、图书馆投入4个指标为代表进行相关性分析。通过绘制散点图，发现这4个指标均与科研产出具有一定的正相关性，其中，科研论文产出与具有博士学位人员数量、科研论文产出与数字图书馆资源采购投入达到强正相关[①]。散点图见图2-3和图2-4。

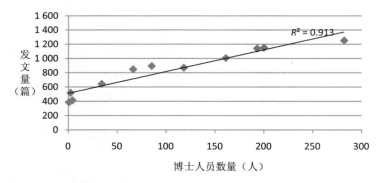

图2-3　科研产出与具有博士学位的人员数量散点图

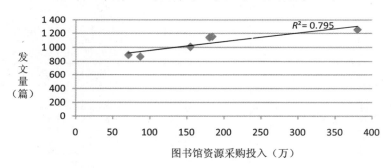

图2-4　科研产出与数字图书馆资源采购投入

2.1.1.2　作者分析

1）高频作者

通过作者的发文量，可以分析中国水产科学研究院的高产作者。表2-3为排名前20位的作者发文频次和第一或通讯作者发文频次。作者（第一或通讯）与作者（不限次序）基本一致，14位共同进入了前20名排行榜。排名略有差异，如孙效文教授论文总量位居第四位，但作为第一作者或通讯作者的论文产量排名第一。说明其在合作研究中更多的充当主要研究者的角色。也有一些作者表现为参与的研究更加广泛，合作研究众多。

---

① 正相关：是指两个变量变动方向相同，一个变量由大到小或由小到大变化时，另一个变量亦由大到小或由小到大变化。当相关系数为0.8～1时，达到强正相关。

表2-3　中文期刊论文高频作者

作者（第一或通讯）	频次（次）	作者（不限次序）	频次（次）
孙效文	134	李来好	217
徐兆礼	116	李　健	200
吴淑勤	101	贾晓平	194
李卓佳	99	孙效文	191
庄　平	97	谢　骏	190
王广军	97	庄　平	183
李来好	88	王广军	180
白俊杰	87	李卓佳	177
江世贵	81	杨贤庆	170
程家骅	73	王清印	157
区又君	72	章龙珍	155
杨宪时	72	李纯厚	146
贾晓平	71	白俊杰	142
陈家长	67	黄　健	139
章龙珍	59	徐兆礼	134
喻达辉	59	区又君	133
李纯厚	58	吴淑勤	131
沈新强	56	沈新强	128
施炜纲	53	吴燕燕	127
谢　骏	53	孔　杰	124
姜作发	53		

2）合作情况

（1）合作度与合作率

科技论文作者的合作情况是指一篇科技论文有多少位科技人员参加研究工作，一般来说一篇文章著者人数越多其著者合作度越高。论文合作情况越高，一方面表明论文研究的技术难度和实用性、实验性越强，需要合作完成的必要性越大；另一方面说明科研人员更加注重研究过程中的交流与合作。一般可以通过合作率[①]和合作度[②]两个指标进行计算。2001—2011年间，全院发表的10 024篇科技论文中，独立作者的为1 162篇，作者总数40 640，可知，合作率为88.4%，合作度为4.05。

---

①合作率=合作论文数/论文总数。
②合作度=作者总数/科技论文总数。

（2）高频作者合作

选取发文量最高的前5位作者及与其共同发文频次大于6次的作者构建合作矩阵，并依此形成可视化视图，可以了解与该五位高频作者研究领域相似的作者群，如图2-5。分析这5大作者群内作者之间的合作关系及这5大作者群之间的关系，构建作者合作频次大于40的合作矩阵，并依次形成可视化视图，如图2-6，图中节点大小代表该作者在该作者群内的中心度，以贾晓平团队为例，蔡文卓、李纯厚、李卓佳在该群体的合作发文频次更高，具有较高的中心度。为了解不同作者群之间的关系，对节点进行群间中心度分析，如图2-7，可以发现张秀梅、王清印、王海英、白俊杰在不同作者群中发挥着重要的桥梁作用。

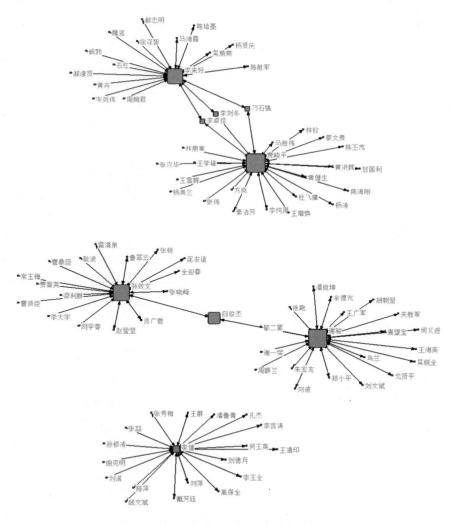

图2-5 中文期刊论文核心作者合作网络

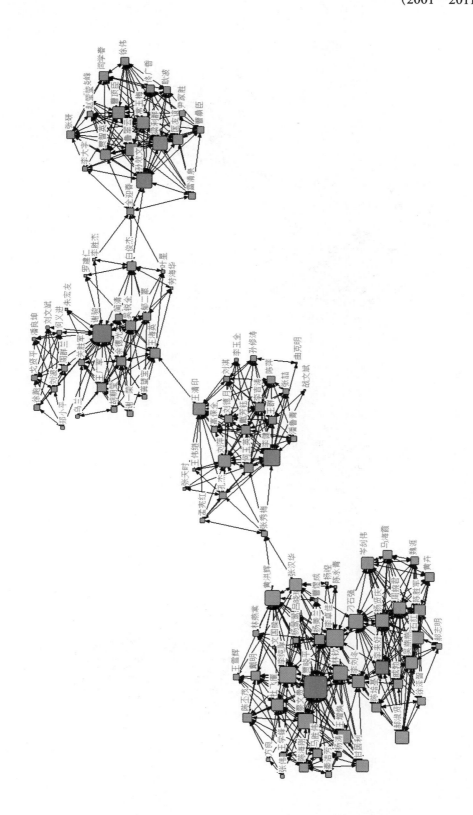

图2-6 中文期刊论文群内作者中心度分析

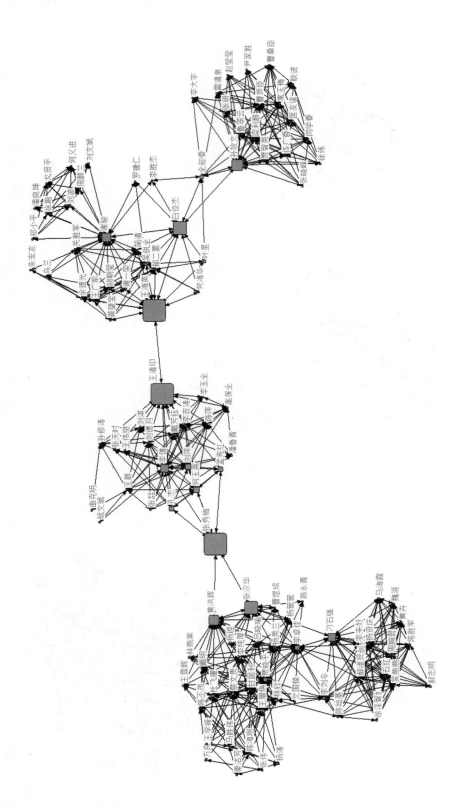

图2-7 中文期刊论文群间作者中心度分析

2.1.1.3 研究主题

1）高频关键词分布

关键词是科技论文题录信息中最能概括文献主题的词汇，因此，从关键词词频分布可以挖掘中国水产科学研究院科学研究的优势领域及科研人员关注的热点问题。2001—2011年，中国水产科学研究院发表的中文期刊论文共涉及关键词42 279个，不同关键词15 185个，其中频次在前30位的关键词，见表2-4。研究热点主要集中在鱼类生长问题，涉及微卫星标记等生物技术以及人工繁殖等养殖技术，对遗传多样性的研究成果很多，研究品种主要有大菱鲆、罗非鱼、中国对虾、牙鲆、栉孔扇贝、凡纳滨对虾、鲤鱼、草鱼等。

表2-4 中文期刊论文高频关键词

单位：次

关键词 2001—2011年	词频	关键词 2001—2011年	词频	关键词 2001—2011年	词频
生长	290	东海	108	营养成分	86
遗传多样性	196	浮游动物	107	半滑舌鳎	86
水产养殖	165	牙鲆	104	渔业资源	85
水产品	164	养殖技术	96	凡纳滨对虾	84
微卫星	162	温度	95	仔鱼	84
大菱鲆	142	人工繁殖	92	浮游植物	82
罗非鱼	142	胚胎发育	91	鲤鱼	80
中国水产科学研究院	140	盐度	90	养殖	80
鱼类	133	长江口	89	草鱼	78
中国对虾	121	栉孔扇贝	87	种类组成	76

2）分时期研究重点演变

为了进行比较分析，将2001—2011年分为2001—2004年，2005—2008年，2009—2011年三个时间段，分别统计各时间段内排名前20的关键词分布情况。由表2-5可以看出，各时期内的研究重点与热点既存在共性也有所变化。鱼类生长持续不断地受到关注，而遗传多样性则是2005年之后才被更多的重视，各阶段研究的重点品种也存在差异。早期对中国对虾、栉孔扇贝的研究最集中，中、后期转为对大菱鲆和罗非鱼的研究，但中期更加关注大菱鲆，后期则对罗非鱼的研究更多。

表2-5 中文期刊论文分阶段关键词

关键词 2001—2004年	词频	关键词 2005—2008年	词频	关键词 2009—2011年	词频
中国水产科学研究院	111	生长	127	生长	114
水产研究所	57	遗传多样性	88	遗传多样性	84

续表2-5

关键词 2001—2004年	词频	关键词 2005—2008年	词频	关键词 2009—2011年	词频
水产养殖	53	东海	72	微卫星	83
生长	48	微卫星	72	水产品	75
中国对虾	42	大菱鲆	66	罗非鱼	63
养殖技术	33	浮游动物	65	水产养殖	56
栉孔扇贝	32	水产品	62	鱼类	49
渔业资源	32	罗非鱼	61	大菱鲆	47
中国	30	中国对虾	59	肌肉	42
人工繁殖	29	鱼类	59	盐度	42
大菱鲆	29	水产养殖	56	长江口	42
南美白对虾	28	半滑舌鳎	50	凡纳滨对虾	41
养殖	27	牙鲆	50	营养成分	38
水产品	27	温度	47	牙鲆	38
成活率	26	长江口	42	鲤	37
鱼类	25	凡纳滨对虾	41	氨基酸	36
斑节对虾	25	养殖技术	39	胚胎发育	36
遗传多样性	24	仔鱼	38	温度	33
浮游植物	22	中华鲟	37	半滑舌鳎	33
东海	22	营养成分	37	大口黑鲈	33

3）院属各所的主题关键词

高频关键词的分布，可以从一个侧面反映院属各所的研究重点和优势领域（表2-6）。如：黄海所对大菱鲆、中国对虾、栉孔扇贝、半滑舌鳎、牙鲆、刺参比较关注；南海所则较多关注斑节对虾、凡纳滨对虾、罗非鱼；黑龙江的研究优势品种在鲤鱼、哲罗鱼、鲤、虹鳟、史氏鲟；其他各所也各具特色。多个研究所对于水产品种的生长、遗传多样性以及养殖都有较多的关注。此外，各研究所的论文产出也具有一定的地域特色，如东海为东海所频次最高的关键词，南海北部、大亚湾、北部湾则为南海所的高频关键词，长江为长江所的高频关键词。

表2-6 院属各所中文期刊论文高频关键词

单位：次

黄海	词频	东海	词频	南海	词频	黑龙江	词频
大菱鲆	133	东海	96	生长	44	微卫星	74
中国对虾	115	浮游动物	72	斑节对虾	43	鲤鱼	56
栉孔扇贝	85	长江口	70	南海北部	41	哲罗鱼	54

续表2-6

黄海	词频	东海	词频	南海	词频	黑龙江	词频
半滑舌鳎	83	东海区	44	凡纳滨对虾	39	生长	51
牙鲆	71	生长	42	罗非鱼	35	鲤	49
生长	61	优势种	37	大亚湾	34	遗传多样性	44
刺参	45	水产品	37	种类组成	32	虹鳟	37
遗传多样性	41	数量分布	32	北部湾	32	史氏鲟	31
海水养殖	39	盐度	30	鱼类	28	施氏鲟	30
微卫星	35	种类组成	29	人工鱼礁	28	微卫星标记	25

长江	词频	珠江	词频	淡水中心	词频
中华鲟	46	大口黑鲈	54	罗非鱼	45
草鱼	27	罗非鱼	45	奥利亚罗非鱼	36
生长	27	养殖技术	41	遗传多样性	33
遗传多样性	24	生长	35	生长	33
长江	19	水产养殖	31	营养成分	24
水产品	16	中国水产科学研究院	29	肌肉	24
鱼类	14	剑尾鱼	28	尼罗罗非鱼	20
人工繁殖	12	人工繁殖	27	建鲤	20
中国水产科学研究院	11	草鱼	27	克氏原螯虾	19
转铁蛋白	11	鱼苗	26	RAPD	18

渔机所	词频	渔工所	词频	院部	词频
水产养殖	21	渔港	4	渔业	23
工业化养鱼	18	沿海渔港	2	水产品	20
循环水养殖系统	15	复合地基	2	牙鲆	20
循环水养殖	13	碎石桩	2	水产养殖	16
池塘养殖	10	环境污染	2	中国	11
循环水	10	渔港建设项目	1	渔业发展	10
渔业机械	10	实地考察	1	水生生物	9
网箱养殖	10	渔船	1	渔业经济	9
纳米科技	9	风荷载	1	管理	8
中国水产科学研究院	8	计算方法	1	地理信息系统	8

2.1.1.4　学科分布

将文献按中国水产科学研究院10大学科进行标引，标引符号如表2-7。可知中国水产科学研究院中文科技论文的学科分布情况，如表2-8，水产养殖技术发文量最高，其发文量是位列第二的水产遗传育种的2倍，在发文总量上绝对优势。各研究所发表某学科科技论文占该所科技论文总量的比重，如表2-9，各所发表某学科科技论文占该学科发文总量的比重，如表2-10。以黄海所为例进行对比，如图2-8，占机构发文和占学科总发文比重趋势大体相同，但略有差异，如水产品质量安全论文仅占黄海所机构发文量比率的0.06，占全院该学科总发文量0.34，即黄海所水产品质量安全研究虽然仅占该所各学科研究的较小比重，但该所在全院该学科的总体发展中占有相对较高的优势地位。水产养殖技术类论文特点则相反。

表2-7　学科标引代码

渔业资源保护与利用	渔业生态环境	水产生物技术	水产遗传育种
A	B	C	D
水产病害防治	水产养殖技术	水产加工与产物资源利用技术	
E	F	T	
水产品质量安全	渔业工程与装备	渔业信息与发展战略	其他
H	P	Q	S

表2-8　中文期刊论文学科分布

学科代码	A	B	C	D	E	F	H	P	Q	T	S
数量（篇）	922	1 057	778	1 113	966	2 208	380	430	523	526	361

表2-9　各研究所发表某学科科技论文占该所科技论文总量的比例

	A	B	C	D	E	F	H	P	Q	T	S
黄海所	0.10	0.10	0.04	0.19	0.17	0.21	0.06	0.03	0.02	0.09	0.00
南海所	0.14	0.16	0.10	0.01	0.07	0.29	0.04	0.02	0.03	0.11	0.04
东海所	0.15	0.17	0.06	0.02	0.03	0.18	0.04	0.07	0.12	0.08	0.04
黑龙江所	0.09	0.03	0.12	0.32	0.03	0.26	0.06	0.03	0.03	0.03	0.03
长江所	0.08	0.10	0.13	0.12	0.10	0.25	0.07	0.03	0.03	0.03	0.06
珠江所	0.05	0.06	0.17	0.15	0.19	0.41	0.01	0.00	0.00	0.00	0.07
渔机所	0.01	0.02	0.00	0.00	0.00	0.12	0.00	0.55	0.15	0.11	0.03
淡水中心	0.08	0.17	0.10	0.14	0.13	0.25	0.01	0.01	0.05	0.01	0.06
渔工所	0.00	0.08	0.00	0.00	0.00	0.00	0.00	0.67	0.17	0.00	0.08

表2-10　各所发表某学科中文期刊论文占该学科发文总量的比例

	A	B	C	D	E	F	H	P	Q	T	S
黄海所	0.22	0.20	0.10	0.35	0.37	0.20	0.34	0.14	0.08	0.34	0.03
南海所	0.23	0.23	0.19	0.01	0.10	0.20	0.17	0.08	0.09	0.31	0.17
东海所	0.25	0.25	0.13	0.03	0.05	0.12	0.18	0.25	0.34	0.23	0.18
黑龙江所	0.10	0.03	0.15	0.27	0.08	0.11	0.08	0.07	0.02	0.01	0.08
长江所	0.04	0.05	0.08	0.05	0.05	0.06	0.09	0.04	0.03	0.03	0.07
珠江所	0.05	0.05	0.22	0.14	0.20	0.18	0.03	0.00	0.01	0.00	0.20
渔机所	0.00	0.01	0.00	0.00	0.00	0.01	0.00	0.37	0.08	0.06	0.03
淡水中心	0.09	0.16	0.13	0.13	0.14	0.11	0.03	0.01	0.10	0.02	0.16
渔工所	0.00	0.00	0.00	0.00	0.00	0.00	0.00	0.04	0.01	0.00	0.01

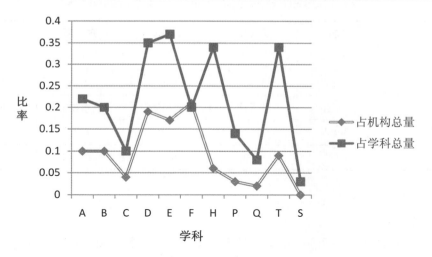

图2-8　黄海水产研究所学科发文比例

2.1.1.5　基金资助分析

基金资助对于科学研究，尤其对于重大课题的研究极为重要。2001—2011年中国水产科学研究院受资助的论文总量达6 241篇，平均资助率达68.5%。基金资助量和基金资助率的变化趋势见图2-9。可见，基金资助量和基金资助率基本保持稳步上升趋势，资助数量的增长较资助比率的增长趋势更为明显，且均在2005年表现出更加显著的增势，至2011年基金资助量已达1 010篇，资助率达80.7%。院属各所中基金资助量和资助率最多的均为黄海水产研究所，资助量最多的为南海所，资助率最高的是长江所。各

所基金资助情况对比见表2-11。

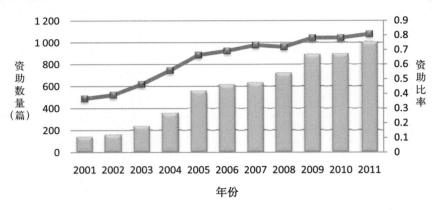

图2-9　2001—2011年基金资助量、基金资助率变化趋势

表2-11　院属各所基金资助量、基金资助率比较

	院部	黄海所	南海所	东海所	黑龙江所
资助量（篇）	66	1 725	1 108	1 066	683
资助率	0.22	0.82	0.72	0.70	0.71
	长江所	珠江所	渔机所	淡水中心	渔工所
资助量（篇）	368	537	110	636	6
资助率	0.75	0.53	0.38	0.63	0.25

2.1.1.6　期刊分析

1）核心期刊

某学科核心期刊是指刊载该学科学术论文较多的、论文被引用较多的、受读者重视的、能反映该学科当前研究状态的、最为活跃的那些期刊。本文对核心期刊的界定包含：中国科学引文数据库（CSCD），中国社会科学引文索引（CSSCI）及中国水产科学研究院办刊的优秀期刊《渔业科学进展》《淡水渔业》《海洋渔业》《南方水产》《水产学杂志》《渔业现代化》，共计1 282本。中国水产科学研究院第一作者或通讯作者发文共计9 112篇，其中核心期刊发文5 011篇，核心期刊发文率0.55。2001—2011年年间，核心期刊的发文量和发文率的变化情况，如图2-10。可见，中国水产科学研究院核心期刊发文量基本保持上升态势，核心期刊发文率在2007年达到峰值，随后略有下降在0.52～0.57间波动，在发文总量持续攀升的基础上，优秀论文的比重基本持平。

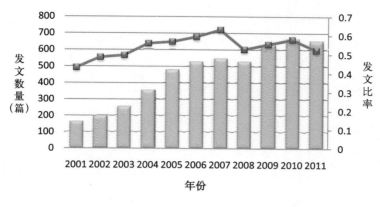

图2-10　2001—2011年中国水产科学研究院的核心期刊发文量和核心期刊发文率

2）水产类期刊

综合统计"维普期刊整合服务平台""CNKI中国知网""万方全学科服务平台"三大主流数据库收录的水产与渔业类期刊，其中具有ISSN刊号的正式刊51种。本文将这51种水产与渔业类正式刊作为对比源，统计中国水产科学研究院在核心学科的发文比重，可知，中国水产科学研究院水产类正式刊发文量为5 306篇，占全部发文量的58.32%。2001—2011年年间，中国水产科学研究院发表在水产与渔业类期刊的论文数量和论文比率如图2-11，可知，前5年发文量从234篇持续上升至551篇，近几年在551篇至635篇间波动上升。发文率则在2004年达到小高峰后持续下滑，2011年已从顶峰值0.67下降至0.47，反映了中国水产科学研究院在相关学科的发文持续升高，多学科交叉融合研究逐步加强。

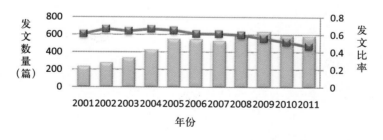

图2-11　水产类正式期刊发文量和发文比例

2.1.1.7　机构合作

1）院属各所间合作

科技论文合作发表情况可以反映机构间合作研究的密切程度，表2-12为中国水产科学研究院机构间合作研究的数量矩阵，据此矩阵绘制机构间合作可视化视图，如图2-12，图中两所之间的连接线代表存在机构合作，红色圆点越大代表与其他机构的合作越密切。可见，除淡水中心与长江所、黑龙江所与院部的合作量较大外（且原因之一是同一作者在论文中标注了两个单位标注），多数机构间合作不足10篇。

表2-12 院属各所合作论文数量

单位：篇

	院部	黄海所	东海所	南海所	黑龙江所	长江所	珠江所	淡水中心	渔机所	渔工所
院部		11	6	6	47	4	5	4	9	2
黄海所	11		26	17	4	5	2	2	17	
东海所	6	26		12		16	2	4	3	
南海所	6	17	12		1	3	6	9	3	
黑龙江所	47	4		1		1	4	3		
长江所	4	5	16	3	1		4	155	2	
珠江所	5	2	2	6	4	4		1	1	
淡水中心	4	2	4	9	3	155	1			2
渔机所	9	17	3	3		2	1			2
渔工所	2							2	2	

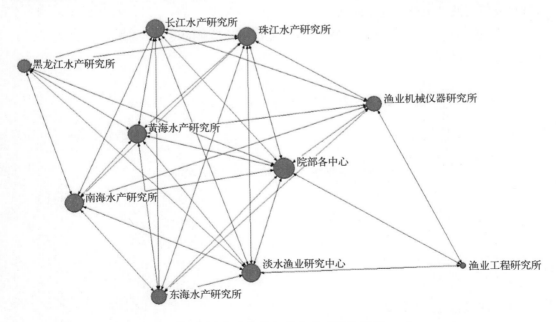

图2-12 院属各所机构合作可视化视图

2）全院与院外机构合作

统计中国水产科学研究院与院外机构的论文合作频次，可以了解目前有哪些机构与我们有相似的研究领域，并且已经建立了合作研究的关系。分别统计中国水产科学研究院作为第一作者或通讯作者与院外的合作以及中国水产科学研究院不限作者位次与院外的合作，如表2-13。与中国水产科学研究院合作频次最高的10所机构，均为国内外农业或海洋类高校，排名前三位的分别为上海海洋大学、中国海洋大学、大连海洋大学。两表的差异仅体现在广东海洋大学和华中农业大学的次序上，从总合作发文量的角度上，中国水产科学研究院与华中农业大学的合作比广东海洋大学多，但与广东海洋大学的合作则更多的作为核心参与者。

表2-13　中国水产科学研究院与院外机构合作情况

单位：次

合作机构（中国水产科学研究院为第一或通讯作者）	频次	合作机构（中国水产科学研究院不限作者位次）	频次
上海海洋大学	1 226	上海海洋大学	1 337
中国海洋大学	798	中国海洋大学	856
大连海洋大学	322	大连海洋大学	339
南京农业大学	289	南京农业大学	304
广东海洋大学	211	华中农业大学	257
华中农业大学	208	广东海洋大学	227
东北农业大学	151	东北农业大学	179
中国科学院海洋研究所	101	中国科学院海洋研究所	119
华东师范大学	66	华东师范大学	85

3）所与所外机构的合作

院属各所发表第一作者或通讯作者论文的机构的情况见表2-14，机构间合作体现明显的地域特色，如黄海水产研究所与中国海洋大学的合作最多，东海水产研究所则与上海海洋大学的合作最多，黑龙江水产研究所与东北农业大学的合作最多，长江水产研究所与华中农业大学的合作最多，淡水渔业研究中心与南京农业大学的合作最多。此外，合作密切的机构在研究方向上也具有更高的一致性。

表2-14　院属各所与其他机构的合作情况

单位：次

院部	频次	黄海水产研究所	频次
黑龙江水产研究所	47	中国海洋大学	702
上海海洋大学	40	上海海洋大学	258
大连海洋大学	21	大连海洋大学	79
东北农业大学	18	中国科学院海洋研究所	71
中国海洋大学	14	青岛大学	49
黄海水产研究所	12	青岛农业大学	42
渔业机械仪器研究所	8	中国科学院研究生院	28
东海水产研究所	7	青岛科技大学	27
南海水产研究所	6	东海水产研究所	26
中国农业大学	5	南海水产研究所	20
东海水产研究所	**频次**	**南海水产研究所**	**频次**
上海海洋大学	300	上海海洋大学	318
华东师范大学	56	广东海洋大学	132
大连海洋大学	56	中国海洋大学	55
中国海洋大学	34	华中农业大学	39
国家海洋局第二海洋研究所	29	广东省渔业生态环境重点实验室	33
黄海水产研究所	26	大连海洋大学	28
中国科学院海洋研究所	22	华南农业大学	27
上海市长江口中华鲟自然保护区管理处	16	中山大学	26
浙江省舟山市水产研究所	16	暨南大学	20
长江水产研究所	15	黄海水产研究所	17
黑龙江水产研究所	**频次**	**长江水产研究所**	**频次**
东北农业大学	136	华中农业大学	151
上海海洋大学	132	淡水渔业研究中心	128
大连海洋大学	122	武汉大学	36
东北林业大学	54	西南大学	21
中国水产科学研究院鲟鱼繁育技术工程中心	20	上海海洋大学	19
哈尔滨理工大学	17	东海水产研究所	15
新疆维吾尔自治区水产科学研究所	14	中国科学院水生生物研究所	14
中山大学	9	南京农业大学	10
哈尔滨工业大学	8	长江大学	8
北京顺通虹鳟鱼养殖中心	7	西南农业大学	8

珠江水产研究所	频次	淡水渔业研究中心	频次
上海海洋大学	154	南京农业大学	274
广东海洋大学	66	长江水产研究所	150
大连海洋大学	32	华中农业大学	65
暨南大学	17	上海海洋大学	29
广东工业大学	15	中国科学院水生生物研究所	14
西北农林科技大学	11	江南大学	12
华南农业大学	11	苏州大学	12
中国科学院水生生物研究所	11	南海水产研究所	12
淡水渔业研究中心	8	江苏省水产技术推广站	11
西北工业大学材料学院	8	江苏省苏微微生物研究有限公司	11
渔业机械仪器研究所	频次	渔业工程研究所	频次
黄海水产研究所	17	淡水渔业研究中心	2
上海海洋大学	13	渔业机械仪器研究所	2
广东海洋大学	5	大连理工大学	1
206研究所	3	水科院渔业信息与经济研究中心	1
东海水产研究所	3	南京农业大学	1
南海水产研究所	2	大连海洋大学	1
中国科学院南京地理与湖泊研究所	2	大连金波土木工程有限公司	1
上海市野生动植物保护管理站	2	山东海上建港有限公司	1
青岛通用水产养殖有限公司	2	青岛海洋地质工程勘察院	1
山东寻山水产集团有限公司	2	全国人才流动中心	1

2.1.1.8 引文分析

被引用次数越多，说明论文受人关注的程度越高，它的影响也就越大，其学术影响力越大，在一定程度上体现作者论文的学术质量和学术价值。科学计量学认为，论文被引用次数超过4次就是本领域的经典文献，根据中国科学技术信息研究所2009年公布的中国科技论文统计结果中可知，近10年我国科技论文的平均引用次数为5.2次，世界的平均引用次数为10.06次。中国水产科学研究院近10年的平均被引频次为5.61，超过中国水产科学研究院科技论文平均被引频次。发文数量、被引数量及平均被引率年度分布见图2-13。可见中国水产科学研究院论文的总被引频次和被引率在近几年有所下降，这一方面与引文分析的时滞性不无关系，另一方面也反映了中国水产科学研究院论文总量虽不断上升，论文的学术影响力有所下降。

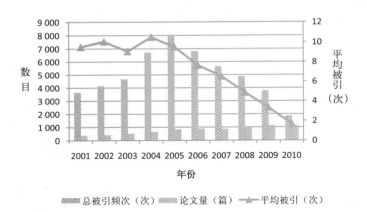

图2-13　2001—2010年科技论文被引情况

院属各单位论文平均被引率见表2-15和图2-14，平均被引率排名前三位的分别为黄海水产研究所、长江水产研究所、淡水渔业研究中心，从文献被引情况看，此三个研究所的论文影响力相对较高。

表2-15　院属各所论文平均被引频次

	院部	黄海所	南海所	东海所	黑龙江所
平均被引频次	3.08	8.41	4.90	5.41	5.67
	长江所	珠江所	渔机所	淡水中心	渔工所
平均被引频次	7.05	4.18	3.10	5.96	1.73

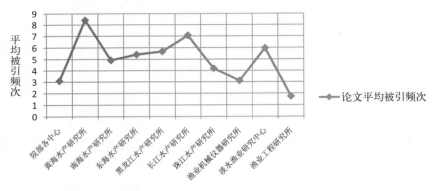

图2-14　院属各所论文平均被引频次

2.1.2　中文会议论文

2.1.2.1　论文数量

2001—2011年，全院发表国内会议论文共计1 419篇，其中第一作者或通讯作者发文为1 180篇，占发文总数的83%。院部近10年来发文数量总体呈波动上升趋势。发文数量按年度分布如表2-16和图2-15，其中第一作者或通讯作者发文占全部发文比率如图2-15中绿色线条所示。院属各所发文量最高的是东海水产研究所发文量达346篇，其中第一作者或通讯作者发文量为314篇，黄海水产研究所、南海水产研究所发文比重也相对较高。院属各所发文量见表2-17和图2-16。

表2-16　会议论文年度分布

	2001年	2002年	2003年	2004年	2005年	2006年
发文量（篇）	22	50	103	162	105	62
发文量（第一/通讯）（篇）	1	48	90	139	88	41
发文率	0.045	0.96	0.87	0.85	0.83	0.66
	2007	2008	2009	2010	2011	总计
发文量（篇）	179	246	133	63	293	1 419
发文量（第一/通讯）（篇）	160	191	112	51	258	1 180
发文率	0.89	0.77	0.84	0.80	0.88	0.83

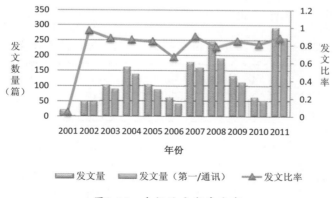

图2-15　会议论文年度分布

表2-17　院属各所会议论文

单位：篇

	院部	黄海所	东海所	南海所	黑龙江所
发文量	78	291	346	281	69
发文量（第一/通讯）	65	208	314	239	48
	长江所	珠江所	淡水中心	渔机所	渔工所
发文量	78	154	105	59	3
发文量（第一/通讯）	45	141	63	56	2

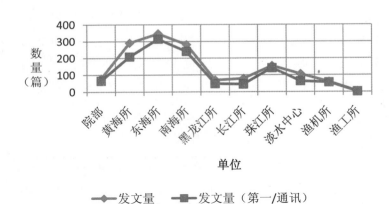

图2-16　院属各所会议论文

2.1.2.2　作者分析

1）高频作者

通过作者的发文量，可以分析中国水产科学研究院会议论文的高产作者。表2-18为排名前20位的作者发文频次。可见，发表会议论文最多的前三名作者分别为徐兆礼、李卓佳、贾晓平，显示了他们在同行交流活动的活跃程度。

表2-18　中国水产科学研究院会议论文高频作者

作者	频次（次）	作者	频次（次）
徐兆礼	56	杨贤庆	30
李卓佳	55	吴燕燕	29
贾晓平	50	江世贵	28
吴淑勤	45	李纯厚	28
李来好	40	李　健	28
作者	频次（次）	作者	频次（次）
沈新强	40	王广军	28
陈亚瞿	34	王清印	28
石存斌	33	白俊杰	27
谢　骏	32	杨莺莺	26
马凌波	31	方建光	24

2）合作度与合作率

与中文期刊论文类似，可以计算会议论文的合作率与合作度。共有6 139名作者发表了1 574篇会议论文，合作度为3.9。合作论文数量为1 347，合作率为0.86。

2.1.2.3 关键词

会议关键词的词频分析可以体现在同行交流中更为活跃的主题及科研人员关注的热点问题。2001—2011年，院机关发表的中文期刊论文共涉及关键词5 822个，不同关键词3 494个，其中频次在前20位的关键词，见表2-19。研究热点主要集中在水产养殖特别是海水养殖，微卫星标记等遗传问题。关注的品种主要有斑节对虾、罗非鱼、大菱鲆、草鱼、凡纳滨对虾、剑尾鱼、栉孔扇贝等。可以发现会议论文的研究主题与中文期刊论文比较类似。

表2-19　中国水产科学研究院会议论文关键词频次

关键词	频次（次）	关键词	频次（次）
海水养殖	37	大菱鲆	19
水产养殖	35	微卫星	19
遗传多样性	31	草鱼	18
水产品	28	对虾	18
东海	27	凡纳滨对虾	18
长江口	26	渔业	17
斑节对虾	24	池塘养殖	16
罗非鱼	24	剑尾鱼	16
生长	24	鱼类	16
浮游动物	20	栉孔扇贝	16

2.1.2.4 主办单位

会议论文的主办单位可以显示科研人员更加倾向于何种机构和何种领域的学术交流。排名前10位的机构或组织如表2-20。其中水产领域中国水产学会主办的会议最多，此外科研人员也广泛参与了中国海洋湖沼学会、中国动物学会、中国海洋学会的学术交流。

表2-20　中国水产科学研究院会议论文发文会议的主办单位

主办单位	频次（次）
中国水产学会	823
中国水产科学研究院	81
中国海洋湖沼学会	73
中国动物学会甲壳动物学分会	66
中国海洋湖沼学会甲壳动物学分会	56
中国动物学会	34
中国海洋学会	30
中国21世纪议程管理中心	27
中国海洋湖沼学会贝类学分会	27
中国动物学会贝类学分会	24

2.1.3　SCI收录论文

2.1.3.1　SCI收录论文数量

2001—2011年间，中国水产科学研究院发表论文被SCI收录1 034篇，其中第一作者或通讯作者发文692篇。发文量年度变化如表2-21和图2-17。可见，2001—2011年间，中国水产科学研究院SCI论文量持续攀升，第一作者或通讯作者发文率自2004年起，基本保持稳定。院属各单位发文见表2-22和图2-18，其中黄海所发文量最高达446篇（其中第一作者或通讯作者发文293篇），东海所、长江所、南海所也具有较大的优势。

表2-21　2001—2011年中国水产科学研究院SCI论文数量

年份	2001	2002	2003	2004	2005	2006
发文量（篇）	6	12	19	45	43	87
发文量（第一-/通讯）（篇）	3	2	7	26	30	62
发文率（篇）	0.5	0.2	0.4	0.6	0.7	0.7
年份	2007	2008	2009	2010	2011	总量
发文量（篇）	63	108	173	200	278	1 034
发文量（第一-/通讯）（篇）	39	68	127	139	189	692
发文率	0.6	0.6	0.7	0.7	0.7	0.7

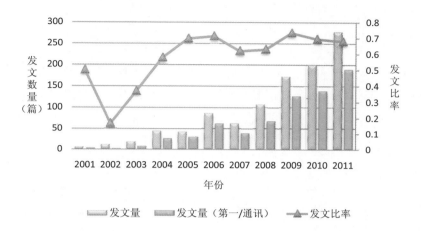

图2-17　2001—2011年中国水产科学研究院SCI论文数量

表2-22　院属各所SCI论文数量

	院部	黄海所	南海所	东海所	黑龙江所
发文量（篇）	24	446	132	171	55
发文量（第一作者/通讯作者）（篇）	8	293	87	129	50
发文率	0.3	0.7	0.7	0.8	0.9
	长江所	珠江所	渔机所	淡水中心	渔工所
发文量（篇）	147	52	2	89	1
发文量（第一作者/通讯作者）（篇）	84	25	0	37	0
发文率	0.6	0.5	0.0	0.4	0.0

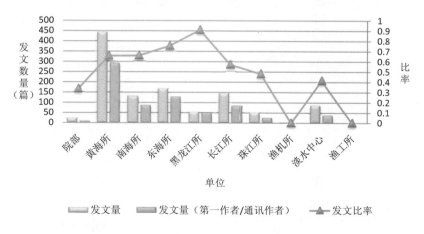

图2-18　院属各所SCI论文数量

2.1.3.2 被引情况

1) 被引量与被引率

SCI收录论文被引量显示了高质量论文的学术影响力和受关注程度，也广泛地被作为科研评价的参照指标。引文数据采集时间截至2012年8月，中国水产科学研究院论文总被引量2 533篇，篇均被引4.01（表2-23，图2-19）。受引文时滞影响，2011年论文篇均被引率偏低。

表2-23　中国水产科学研究院SCI论文被引频次

年份	2001	2002	2003	2004	2005	2006
总被引频次（次）	10	27	74	373	267	366
篇均被引频次（次）	3.3	13.5	10.6	16.2	12.7	6.5
年份	2007	2008	2009	2010	2011	总计
总被引频次（次）	219	291	404	336	166	2 533
篇均被引频次（次）	7.1	4.5	3.3	2.6	1.0	4.01

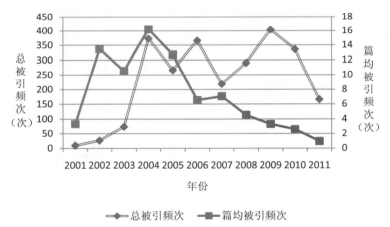

图2-19　中国水产科学研究院SCI论文被引频次

2) 高被引论文

高被引论文对作者而言意味着高的学术影响与学术成就，对机构而言则反映了其学术卓越性。研究高被引论文则有助于了解自己的学科优势和核心作者。表2-24为中国水产科学研究院排名前10位的高被引论文，黄海所的论文占比最高，其次是长江水产研究所、淡水渔业研究中心、黑龙江水产研究所。《两种中药对鲟鱼的非特异性免疫的影响》一文被引频次最高达48次，该文为淡水中心罗非鱼团队的研究成果。关注的主要领域有：牙鲆的微卫星标记、成骨细胞基因的表达，大菱鲆的虹彩病毒感染等，多为生物技术领域的文章。

表2-24 中国水产科学研究院SCI高被引论文

题名	被引频次 （次）	单位
Effect of two Chinese herbs (Astragalus radix and Scutellaria radix) on non-specific immune response of tilapia, Oreochromis niloticus	48	淡水中心
Assessing the genetic structure of three Japanese flounder (Paralichthys olivaceus) stocks by microsatellite markers	44	黄海所
Phenotypic expression of bone-related genes in osteoblasts grown on calcium phosphate ceramics with different phase compositions	43	长江所
The first report of an iridovirus-like agent infection in fanned turbot, Scophthalmus maximus, in China	40	黄海所
Cloning, characterization, and expression analysis of hepcidin gene from red sea bream (Chrysophrys major)	35	黄海所
Isolation and characterization of polymorphic microsatellite loci from an EST-library of red sea bream (Chrysophrys major) and cross-species amplification	33	黄海所
Polymorphic dinucleotide microsatellites in tongue sole (Cynoglossus semilaevis)	33	黄海所
A genetic linkage map of common carp (Cyprinus carpio L.) And mapping of a locus associated with cold tolerance	33	黑龙江所
Proliferation and bone-related gene expression of osteoblasts grown on hydroxyapatite ceramics sintered at different temperature	32	长江所
Establishment of a continuous embryonic cell line from Japanese flounder Paralichthys olivaceus for virus isolation	31	黄海所

2.1.3.3 期刊分析

全院发表的SCI论文分布于203种期刊中，表2-25分别列举了发文量排名前10位的第一或通讯作者发文的期刊及不限发文作者位次的期刊。两类期刊种类大体相同，仅在发文频次的个别次序上有差异，排名前两位的均为"AQUACULTURE"和"JOURNAL OF APPLIED ICHTHYOLOGY"。

表2-25 中国水产科学研究院SCI论文发文期刊分布

高频发文期刊（第一/通讯）	频次 （次）	高频发文期刊	频次 （次）
AQUACULTURE	51	AQUACULTURE	75
JOURNAL OF APPLIED ICHTHYOLOGY	46	JOURNAL OF APPLIED ICHTHYOLOGY	57
ACTA OCEANOLOGICA SINICA	31	CHINESE JOURNAL OF OCEANOLOGY AND LIMNOLOGY	42

续表2-25

高频发文期刊（第一/通讯）	频次（次）	高频发文期刊	频次（次）
CONSERVATION GENETICS	30	ACTA OCEANOLOGICA SINICA	38
CHINESE JOURNAL OF OCEANOLOGY AND LIMNOLOGY	28	CONSERVATION GENETICS	35
FISH & SHELLFISH IMMUNOLOGY	25	FISH & SHELLFISH IMMUNOLOGY	32
AQUACULTURE RESEARCH	23	AQUACULTURE RESEARCH	27
ENVIRONMENTAL BIOLOGY OF FISHES	18	ENVIRONMENTAL BIOLOGY OF FISHES	22
MOLECULAR BIOLOGY REPORTS	16	MOLECULAR BIOLOGY REPORTS	20
BIOCHEMICAL SYSTEMATICS AND ECOLOGY	12	FISH PHYSIOLOGY AND BIOCHEMISTRY	17

2.1.3.4 学科分布

SCI论文（第一作者或通讯作者）按中国水产科学研究院10大学科分布如表2-26和图2-20。水产生物技术、渔业生态环境、水产养殖技术、水产遗传育种占比重最高。

表2-26 中国水产科学研究院SCI论文学科分布

单位：次

学科	渔业资源保护与利用	渔业生态环境	水产生物技术	水产遗传育种
发文频次	63	93	249	71
学科	水产病害防治	水产养殖技术	水产加工与产物资源利用技术	
发文频次	49	109	18	
学科	水产品质量安全	渔业工程与装备	渔业信息与发展战略	其他
发文频次	13	7	4	8

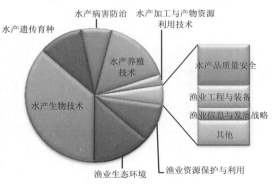

图2-20 中国水产科学研究院SCI论文学科分布

2.1.3.5 基金资助

2001—2011年全院被收录的693篇SCI论文中，有452篇受到基金资助，资助率达65.3（表2-27）。基金资助量和基金资助率的变化趋势见图2-21。可见，自2004年起，开始有基金资助情况，此后基金资助量和基金资助率持续上升，至2011年基金资助量已达180篇，资助率达95%。略低于中文期刊论文手资助率，但基金资助量和资助率的增速高于中文期刊论文。

表2-27 中国水产科学研究院SCI论文受基金资助情况

	2004年	2006年	2007年	2008年	2009年	2010年	2011年
资助量（篇）	2	1	2	33	107	127	180
论文量（篇）	26	62	39	68	127	139	189
资助率	0.07	0.02	0.05	0.49	0.84	0.91	0.95

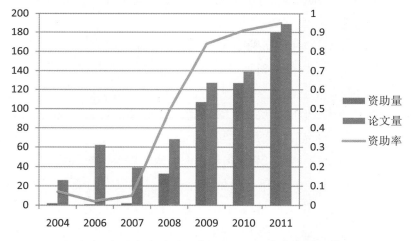

图2-21 中国水产科学研究院SCI论文受基金资助情况

2.1.4 小结

研究表明，2001—2011年中国水产科学研究院中文期刊论文、中文会议论文、SCI论文总量呈现持续增长的态势，院高频作者在发文量和交流合作中均具有较好的表现，各年度研究的重点主题具有一定的共性和差异，院属各所的研究主题各具特色，基金资助量和基金资助率逐年升高，与院外机构合作体现明显的地域特色和学科特色，院内各研究所之间的合作相对较少。文章对机构合作和作者合作情况进行了可视化分析，揭示了机构间合作的密切程度更形象展示了高频作者的合作群、群内核心作者和群间桥梁作者。

基于对全院科技论文产出的分析，提出以下几点建议。

（1）加强高学历、高层次人才队伍建设。中国水产科学研究院科技论文产出数量与各年度博士学历人才数量呈正相关，高水平、高学历、高层次人才在提高院科学研究能力和水平方面具有重要作用。建立健全高层次人才引进机制；强化培养，完善结构，提升高层次人才素质；在政策、服务、待遇、环境等方面制定系统的保障措施；加强人才激励机制建设，以科学的机制激发高层次人才创新、创造的热情。

（2）加大信息资源保障能力建设。当前中国水产科学研究院已经具备了一定的信息资源保障能力，信息资源投入经费逐年增加，数据显示，科技文献产出数量的增长与此呈强正相关。具体的，继续巩固现有核心资源和适当增加急需核心资源，从以增加资源拥有量为主转变到努力扩大文献信息的供应渠道和供应保障为主；从单一全院组团方式开通数字资源转变到根据中国水产科学研究院用户布局采用多种形式组织数字资源开通服务方式；健全资源建设机制，建立全院信息资源共建共享领导小组和工作小组，从需求调查、资源分析、供应方式设计、供应机制组织、使用效率评价等方面全面提升信息保障能力建设。

（3）加强院属各所的合作。科技论文合作情况显示，院属各所间的合作频次较少。加强院内机构合作，积极创新和建立院内机构合作机制，以桥梁作者为纽带，以共同的优势学科为着力点，充分发挥全院各所的资源、人才、技术优势，整合资源优势，拓宽合作领域，逐步形成多层次、多渠道、多形式、日益活跃的合作与交流新局面，提高中国水产科学研究院科研综合实力。

（4）提高国际论文发文量和发文质量。中国水产科学研究院中外文期刊均保持较高的年均增长。SCI论文自2008年起数量迅速升高，但发文总量与国内外高水平研究机构仍有差距，特别是在论文的被引用率和高水平期刊的发文量方面还有较大的提升空间。《国家中长期科学技术发展规划纲要》明确将国际科学论文被引用均数进入世界前5位作为我国的中长期科技发展目标，中国水产科学研究院作为国家级水产科研院所，以国家科技发展目标为指导，全力提升中国水产科学研究院国际论文的发文数量和发文质量，提高论文的国际影响力。

2.2　黄海水产研究所科技论文产出分析

2.2.1　SCI收录论文

2.2.1.1　SCI收录论文数量

2001—2011年，黄海水产研究所（以下简称黄海所）SCI论文总数为411篇（见

表2-28，图2-22），以第一作者和通讯作者发表论文281篇，占发文总量的68.37%。

表2-28　2001—2011年黄海所SCI论文年度发文量统计

单位：篇

指标 ＼ 年度	2001	2002	2003	2004	2005	2006	2007	2008	2009	2010	2011	合计	构成比（%）
发文量	3	5	12	21	15	41	31	48	72	77	86	411	100
发文量（第一/通讯）	0	1	5	12	9	32	19	27	55	55	66	281	68.37
发文率	0	0.2	0.42	0.57	0.60	0.78	0.61	0.56	0.76	0.71	0.77	0.68	

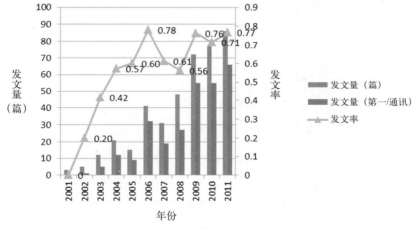

图2-22　2001—2011年黄海所SCI论文数量（篇）

2.2.1.2　被引情况

1）被引次数与被引率

研究论文的被引情况是衡量发文质量和评价其国际影响力的重要标准。引文数据采集截止时间为2012年6月12日，2001—2011年黄海所第一作者和通讯作者论文被引次数1 384次，篇均被引4.93次（见表2-29）；论文总被引量2 219次，篇均被引5.4次，变化趋势如图2-23。

表2-29　2001—2011年黄海所第一作者或通讯作者SCI论文被引次数

单位：次

指标 ＼ 年度	2001	2002	2003	2004	2005	2006	2007	2008	2009	2010	2011	合计
被引次数（第一作者/通讯作者）	0	14	57	204	162	246	148	139	208	131	75	1 384
篇均被引频次（第一作者/通讯作者）	0	14	11.4	17	18	7.69	7.79	5.15	3.78	2.38	1.14	4.93

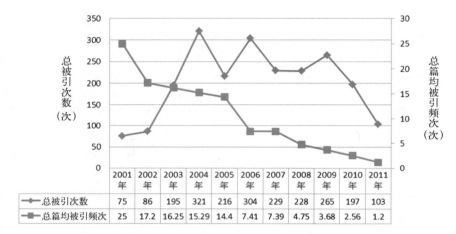

图2-23　2001—2011年黄海所SCI论文被引量变化趋势

	2001年	2002年	2003年	2004年	2005年	2006年	2007年	2008年	2009年	2010年	2011年
总被引次数	75	86	195	321	216	304	229	228	265	197	103
总篇均被引频次	25	17.2	16.25	15.29	14.4	7.41	7.39	4.75	3.68	2.56	1.2

2）高被引论文

2001—2011年，黄海所第一作者和通讯作者论文中高被引论文是水产生物技术学科（C），发表期刊主要集中在AQUACULTURE和MARINE BIOTECHNOLOGY两刊，占到该领域60%；陈松林在5个年度中论文被引量占据首位。黄海所各年度论文最高被引用值和年度篇均值如表2-30。

表2-30　2001—2011年黄海所第一作者和通讯作者SCI论文年度最高被引用统计

年度	年度论文最高被引次数（次）	第一作者	来源期刊	论文题目
2002	14	陈松林	AQUACULTURE	Development of a positive-negative selection procedure for gene targeting in fish cells
2003	26	陈松林	JOURNAL OF FISH BIOLOGY	Derivation of a pluripotent embryonic cell line from red sea bream blastulas
2004	40	史成银	AQUACULTURE	The first report of an iridovirus-like agent infection in fanned turbot, Scophthalmus maximus, in China
2005	44	陈松林	AQUACULTURE	Assessing the genetic structure of three Japanese flounder (Paralichthys olivaceus) stocks by microsatellite markers
2006	21	陈松林	MARINE BIO-TECHNOLOGY	Major histocompatibility complex class IIB allele polymorphism and its association with resistance/susceptibility to Vibrio anguillarum in Japanese flounder (Paralichthys olivaceus)
2007	40	陈松林	MARINE BIO-TECHNOLOGY	Isolation of female-specific AFLP markers and molecular identification of genetic sex in half-smooth tongue sole (Cynoglossus semilaevis)

年度	年度论文最高被引次数（次）	第一作者	来源期刊	论文题目
2008	27	沙珍霞	BMC GENOMICS	Quality assessment parameters for EST-derived SNPs from catfish
2009	15	沙珍霞	DEVELOPMENTAL AND COMPARATIVE IMMUNOLOGY	NOD-like subfamily of the nucleotide-binding domain and leucine-rich repeat containing family receptors and their expression in channel catfish
2010	13	张晓雯	JOURNAL OF APPLIED PHYCOLOGY	Somatic cells serve as a potential propagule bank of Enteromorpha prolifera forming a green tide in the Yellow Sea, China
2011	11	张晓雯	BIOMASS & BIOENERGY	Pyrolytic characteristics and kinetic studies of three kinds of red algae

2.2.1.3 学科分析

按照水科院学科分类代码进行各学科分类统计，可以看出黄海所SCI论文各学科发展不均衡。无论在论文数量和篇均被引用次数指标方面，始终处于领先的学科是水产生物技术领域（C）（见表2-31），该学科SCI论文数量占全所论文总数的37%。

表2-31 2001—2011年黄海所SCI收录第一作者和通讯作者论文所属学科统计

年度\指标	A 论文数（篇）	A 被引量（次）	B 论文数（篇）	B 被引量（次）	C 论文数（篇）	C 被引量（次）	D 论文数（篇）	D 被引量（次）	E 论文数（篇）	E 被引量（次）	F 论文数（篇）	F 被引量（次）	H 论文数（篇）	H 被引量（次）	T 论文数（篇）	T 被引量（次）
2002	0	0	0	0	1	14	0	0	0	0	0	0	0	0	0	0
2003	2	29	0	0	3	28	0	0	0	0	0	0	0	0	0	0
2004	1	16	1	2	6	132	0	0	1	40	3	14	0	0	0	0
2005	2	9	0	0	4	131	1	3	1	17	0	0	0	0	0	0
2006	2	19	0	0	11	127	6	50	2	9	10	38	0	0	1	3
2007	3	6	1	1	10	113	1	0	1	2	1	12	1	10	0	0
2008	2	6	1	1	11	91	4	5	1	11	3	5	2	13	3	7
2009	0	0	3	12	22	94	14	47	7	37	4	3	1	1	4	14
2010	8	9	5	8	16	47	6	9	3	3	12	53	0	0	2	1
2011	10	5	11	5	18	28	7	3	1	1	15	25	2	8	2	0
合计	30	99	22	28	102	805	39	117	17	120	49	152	9	34	12	25
篇均被引量	3.3		1.27		7.89		3		7.06		3.1		3.78		2.08	

渔业资源保护与利用学科（A），SCI论文30篇，总被引用99次，篇均被引3.3次。SCI论文在2003年突破零的纪录，虽然在2009年没有论文发表，但总体上仍呈逐年上升趋势，2003年的篇均被引用次数为最高，达到24.5次/篇。

渔业生态环境学科（B），SCI论文22篇，总被引用28次，篇均被引1.27次。SCI论文在2004年突破零的纪录，在2005—2006年止步，没有论文发表，在2011年发表论文22篇，达到了历史最高水平，出现最高篇均被引用次数是在2009年，达到4次/篇。

水产生物技术学科（C），SCI论文102篇，总被引用805次，篇均被引7.89次。SCI论文在2002年突破零的纪录，在2004年发表论文132篇，达到了历史最高水平，出现最高篇均被引用次数是在2005年，达到32.75次/篇。

水产遗传育种学科（D），SCI论文39篇，总被引用117次，篇均被引次3。SCI论文在2005年突破零的纪录，整体变化不明显，呈波动状；在2009年发表论文14篇，达到了历史最高水平，最高篇均被引用次数是2006年，达到8.33次/篇。

水产病害防治学科（E），SCI论文17篇，总被引用120次，篇均被引7.06次。SCI论文在2004年突破零的纪录，2009年发表论文7篇，达到了历史最高水平，出现最高篇均被引用次数是在2006年，达到40次/篇。

水产养殖技术学科（F），SCI收录论文49篇，总被引用152次，篇均被引3.1次。SCI论文在2004年突破零的纪录，整体变化不明显，呈波动上升状态，在2011年发表论文15篇，达到了历史最高水平，出现最高篇均被引用次数是在2007年，达到12次/篇。

水产品质量安全学科（H），SCI收录论文9篇，总被引用34次，篇均被引3.78次。SCI收录论文在2007年突破零的纪录，以后每年发表2～3篇，呈现上升趋势，2007年的篇均被引用次数达到最高值，为10次/篇。

水产加工与产物资源利用技术学科（T），SCI论文12篇，被引用25次，篇均被引用2.08次。SCI论文在2006年突破零的纪录，2008年没有论文发表，总体上呈波动状态，收录论文数和篇均被引次数最高均出现在2009年，为4篇、3.5次/篇。

按学科归类，2001—2011年黄海所第一作者和通讯作者发表SCI论文数量从高到低依次排序为：生物技术、水产养殖技术、水产遗传育种、渔业资源保护与利用、渔业生态环境、水产病害防治、水产加工与产物资源利用技术、水产品质量安全（C>F>D>A>B>E>T>H）。各学科总被引次数前两名位置不变，仍然是水产生物技术学科和水产养殖学科，但从第三位开始发生变化，各学科总被引次数从高到低依次排序是：生物技术、水产养殖技术、水产病害防治、水产遗传育种、渔业资源保护与利用、水产品质量安全、渔业生态环境、水产加工与产物资源利用技术（C>F>E>D>A>H>B>T）（见图2-24）。篇均被引次数能综合并客观反映一个学科发文质量和综合影响力。水产病害防治学科（E）居第二位，篇均被引次数达到7.06篇，仅次于第一位水产生物技术学科（C）。由此可见，黄海所水产病害防治学科的学术水平较高，在国际上有一定的影响力。值得一提的是水产品质量安全学科（H），在篇均被引次数指标上位列第三位，而其论文数量是所有学科最低的，这也从另一个侧面反映了我所水产质量安全学科在国际学术界也有一定的影响力。

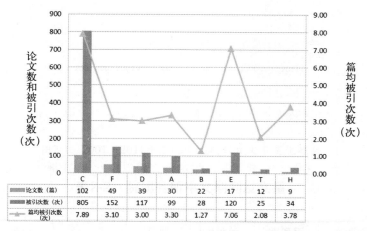

	C	F	D	A	B	E	T	H
论文数（篇）	102	49	39	30	22	17	12	9
被引次数（次）	805	152	117	99	28	120	25	34
篇均被引次数（次）	7.89	3.10	3.00	3.30	1.27	7.06	2.08	3.78

图2-24　2001—2011年黄海所各学科第一作者和通讯作者SCI论文被引次数

2.2.1.4　论文机构分析

2001—2011年，黄海所第一作者和通讯作者论文中，与国内合作完成的机构有64个，合作最多的机构是中国海洋大学，共合作发表论文102篇，占论文总量的36.30%；仅合作发表1篇论文的机构有37个。合作发表论文较多的集中在高校和中科院系统，有178篇，占论文总量的63.35%（见表2-32）。与国外机构联合署名的论文有47篇，合作单位有11个国家、26个机构或组织。合作最多的是美国，16篇，其次是韩国11篇，挪威6篇居第三位，加拿大、新加坡、苏格兰都是3篇，法国、德国、澳大利亚、日本、英格兰均为1篇。

表2-32　2001—2011年与黄海所（第一/通讯）发表SCI论文的
主要机构和发文数

序号	合作机构	署名文章篇数（篇）	构成比（%）
1	中国海洋大学（青岛海洋大学）	102	36.30
2	上海海洋大学（上海水产学院）	32	11.39
3	中国科学院海洋研究所	26	9.25
	合计	178	56.94

黄海所作为独立单位独立完成的论文有53篇，与2个机构合作发表论文的有228篇，与3个机构共同发表的有79篇，充分体现了科学研究是联盟与合作关系。

2.2.1.5 作者分析

2001—2011年，黄海所第一作者和通讯作者共 141人，共发表的281篇论文，其中有60篇论文没有通讯作者。以第一作者发表论文最多的前三位是陈松林、沙珍霞、唐启升等；第一作者和通讯作者相加，发表论文最多的前三位是陈松林、孔杰、叶乃好。

2.2.1.6 发文期刊分布

2001—2011年黄海所SCI论文分布在154种期刊，较集中的前10种发文期刊共发表论文173篇，占发文总量的42.09%；仅发表一篇文章的期刊有53种，占期刊分布总量的34.42%，占发文总量的12.89%。2001—2011年间，黄海所第一作者和通讯作者SCI论文发文期刊88种，发文较为集中的前10种发文期刊，刊载论文141篇，占论文总数的50.18%（见表2-33）。

表2-33 2001—2011年黄海所SCI论文高频发文期刊

高频发文期刊	发表论文数（篇）	百分比（%）	高频发文期刊（第一作者/通讯作者）	发表论文数（篇）	百分比（%）
AQUACULTURE	45		AQUACULTURE	38	
CHINESE JOURNAL OF OCEANOLOGY AND LIMNOLOGY	26		CONSERVATION GENETICS	24	
CONSERVATION GENETICS	25		CHINESE JOURNAL OF OCEANOLOGY AND LIMNOLOGY	17	
ACTA OCEANOLOGICA SINICA	21		ACTA OCEANOLOGICA SINICA	15	
AQUACULTURE RESEARCH	14		AQUACULTURE RESEARCH	12	
FISH & SHELLFISH IMMUNOLOGY	14	42.09	FISH & SHELLFISH IMMUNOLOGY	10	50.18
MARINE BIOTECHNOLOGY	11		MARINE BIOTECHNOLOGY	9	
DEEP-SEA RESEARCH PART II-TOPICAL STUDIES IN OCEANOGRAPHY	6		JOURNAL OF FISH BIOLOGY	6	
JOURNAL OF FISH BIOLOGY	6		FISH PHYSIOLOGY AND BIOCHEMISTRY	5	
COMPARATIVE BIOCHEMISTRY AND PHYSIOLOGY B-BIOCHEMISTRY & MOLECULAR BIOLOGY	5		JOURNAL OF APPLIED PHYCOLOGY	5	
小计	173			141	

2.2.1.7 期刊影响因子

2001—2011年间黄海所SCI论文期刊影响因子最高的为SCIENCE，其2011年的影响因子（IF*）为31.201。黄海所第一作者和通讯作者SCI论文，每年的影响因子逐年升高（见表2-34，图2-25），每年度最高影响因子平均值为3.752，最低影响因子平均值为0.647。

表2-34 2002—2011年黄海所第一作者和通讯作者SCI论文发文期刊影响因子（IF）

指标＼年度	2002	2003	2004	2005	2006	2007	2008	2009	2010	2011	平均IF
最高IF	2.041	2.044	3.322	4.841	3.43	3.761	4.073	3.43	4.98	5.602	3.752
最低IF	2.041	0.494	0.793	0.495	0.422	0.494	0.494	0.498	0.449	0.294	0.647

*说明：IF值=JCR2011年数据

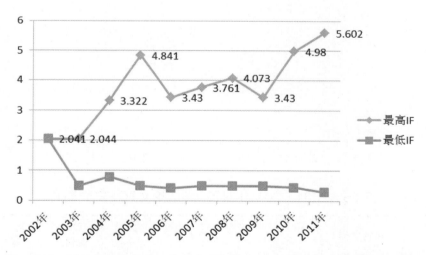

图2-25 2002—2011年黄海所第一作者和通讯作者SCI论文发文期刊影响因子变化趋势

2.2.1.8 论文影响力分析

SCI发文期刊按照期刊的影响力从高到低依次分为1区、2区、3区和4区四个区。2001—2011年黄海所发表论文的154种SCI发文期刊中，在1区的有5种，76种期刊位于4区（见表2-35），TOP期刊12种（见表2-36）；最多的是生物类期刊，共60种，最少的是物理类，各学科分布比例见图2-26。

表2-35　2001—2011年黄海所SCI论文发文期刊影响力

单位：种

期刊类别	地学	工程技术	化学	环境科学	农林科学	生物	物理	医学	综合	合计
期刊种数	9	20	7	11	23	60	1	20	3	154
TOP期刊种数	1	4	1	0	3	0	0	2	1	12
1区	0	2	0	0	2	0	0	0	1	5
2区	3	8	1	1	7	2	0	4	0	26
3区	3	6	1	5	6	13	1	11	1	47
4区	3	4	5	5	8	45	0	5	1	76

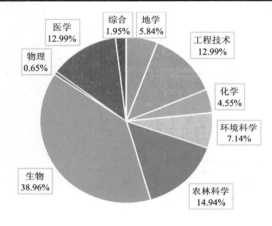

■地学　■工程技术　■化学　■环境科学　■农林科学　■生物　■物理　■医学　■综合

图2-26　2001—2011年黄海所SCI论文发文期刊学科分布

表2-36　2001—2011年黄海所SCI论文TOP发文期刊

刊名全称	大类名称	大类分区	TOP期刊	2008—2011年平均IF
SCIENCE	综合性期刊	1	Y	29.742
BIOSENSORS & BIOELECTRONICS	工程技术	1	Y	5.311
BIORESOURCE TECHNOLOGY	工程技术	1	Y	4.357
FISH & SHELLFISH IMMUNOLOGY	农林科学	1	Y	3.032
FISHERIES OCEANOGRAPHY	农林科学	1	Y	2.418
CHEMICAL COMMUNICATIONS	化学	2	Y	5.544
ANTIMICROBIAL AGENTS AND CHEMOTHERAPY	医学	2	Y	4.730

续表2-36

刊名全称	大类名称	大类分区	TOP期刊	2008—2011年平均IF
LIMNOLOGY AND OCEANOGRAPHY	地学	2	Y	3.531
VACCINE	医学	2	Y	3.495
INTERNATIONAL JOURNAL OF FOOD MICROBIOLOGY	工程技术	2	Y	2.969
APPLIED MICROBIOLOGY AND BIOTECHNOLOGY	工程技术	2	Y	2.915
AQUACULTURE	农林科学	2	Y	1.882

2.2.1.9 基金资助

2001—2011年，黄海所第一作者和通讯作者SCI论文中，基金资助论文来源于包括国家"863""973""国家自然科学基金""农业行业专项"等39种计划（项目），共210项（个）课题。课题类型最多的是国家自然科学基金，计52项；其次是国家863高技术研究发展计划，29项；第三位是山东省泰山学者计划，20项。

2.2.1.10 研究主题

关键词可以从一个侧面反映出黄海所的研究热点。通过拆解2001—2011年黄海所第一作者和通讯作者SCI论文的关键词，共得到2 712个关键词，平均9.6个/篇。论文关键词最多的有20个/篇。

表2-37列出前10个热点关键词，它们从一个侧面体现了黄海所研究领域的热点和前沿。

表2-37　2001—2011年黄海所第一作者和通讯作者SCI论文主题热点

排序	关键词（品种）	出现频次（次）	参考译名	关键词（手段或方法）	出现频次（次）	参考译名
1	Fish;	46	鱼	Microsatellite; Microsatellite markers;	57	微卫星
2	Cynoglossus semilaevis; Half-smooth tongue sole;	42	半滑舌鳎	Genetic，Gene	57	基因，遗传
3	Fenneropenaeus chinensis; Penaeus (Fenneropenaeus) chinensis;	36	中国对虾	Expression	29	表达
4	Turbot; Turbot (Scophthalmus maxims);	25	大菱鲆	white spot syndrome virus (WSSV);	20	白斑综合征病毒
5	Flounder; Japanese Flounder;	21	比目鱼	Diseases;	20	病害

排序	关键词（品种）	出现频次（次）	参考译名	关键词（手段或方法）	出现频次（次）	参考译名
6	Atlantic salmon;	20	大西洋鲑	Enriched genomic library	20	基因库
7	Paralichthys olivaceus;	18	牙鲆	Identification;	19	识别
8	Rainbow-Trout;	17	虹鳟鱼	Sequences;	18	序列
9	Salmon;	17	鲑鱼	cDNA;	18	CDNA
10	Prawn；Prawn Penaeus-Japonicus	11	对虾	Cloning;	18	克隆
		253			276	

2.2.1.11 小结

通过统计表明，2001—2011年SCI收录黄海水产研究所的论文共计411篇，从2001年的4篇到2011年的95篇，总体增长较快；论文总被引频次2 344次，平均被引4.9次/篇，尚有37.11%的论文没有被引用过。学科范围及载文期刊数量逐年增多，与收录数量趋势相似；重要学科是水产生物技术学科，也是产生SCI收录论文的重要基地；合作机构国内外机构共90个，其中国内机构有64个，较多集中在中国海洋大学；国外机构分布在11个国家，26个机构和组织；来源期刊154种，其中53种期刊仅刊载一篇文章；黄海所第一作者共141人，其中发表5篇以上的高产作者有6人；每年来源期刊最高影响因子平均IF值为3.752，最低为0.647；来源期刊影响力不高，在1区的仅有5种，大多数期刊位于4区，有76种，TOP期刊仅有12种；研究论文基金资助最多的为国家自认科学基金；研究热点在物种上主要是半滑舌鳎、中国对虾、大菱鲆；研究方式与方法的热点主要集中在微卫星、基因等关键词。

2.2.2 中文期刊论文

2.2.2.1 论文数量

2001—2011年，黄海所在国内中文期刊上发表论文共计3 083篇，其中第一作者和通讯作者发文为2 999篇，占发文总数的97.28%。发文量情况如表2-38和图2-27，10年来中文论文数量总体呈稳步上升趋势。

表2-38 2001—2011年黄海所中文期刊发文量

单位：篇

年份	2001	2002	2003	2004	2005	2006
发文量	146	178	188	243	300	277
发文量（第一作者/通讯作者）	140	173	184	233	296	270
发文率	0.96	0.97	0.98	0.96	0.99	0.97

年份	2007	2008	2009	2010	2011	合计
发文量	291	390	344	343	383	3 083
发文量（第一作者/通讯作者）	282	386	332	335	369	2 999
发文率	0.97	0.99	0.97	0.98	0.96	0.97

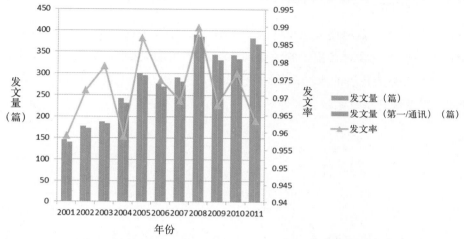

图2-27　2001—2011年黄海所中文期刊科技论文发展趋势

2.2.2.2　著者情况

1）高产作者分析

2001—2011年，黄海所科研人员以第一作者或通讯作者发表论文为2 999篇，占发文总量的97%。经过分析得出高产作者如表2-39。

表2-39　2001—2011年黄海所高产作者

作者（第一作者）	论文数（篇）	作者（第一/通讯）	论文数（篇）
王彩理	42	李　健	276
雷霁霖	37	王清印	205
马爱军	31	黄　倢	165
张继红	27	陈松林	165
常　青	25	孔　杰	157
蒋增杰	24	王印庚	152
王印庚	24	刘　萍	146
孙中之	23	方建光	138
王　俊	23	杨爱国	127
孙　耀	22	庄志猛	119

2）著者合作情况

2001—2011年间，黄海所中文期刊论文合作率为95.9%。早期（2001—2004年）为89%，中期（2005—2008年）为96%，后期（2009—2011年）为98%；合作度：4.4。

（备注：合作率=合作论文数/论文总数；合作度=作者总数/科技论文总数）

2.2.2.3 研究主题

2001—2011年，黄海所发表的中文期刊论文共涉及关键词4 653个，不同关键词4 653个，其中按生物物种较集中的关键词如图2-28。研究热点主要集中在大菱鲆、栉孔扇贝、中国对虾为代表的水产动物，研究内容主要涉及人工繁殖与雌核发育、水产品质量安全以及地理信息系统、标准等。

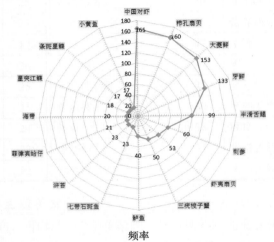

图2-28　2001—2011年黄海所中文期刊论文研究热点——品种（次）

从养殖方式、生物因子等方面，其关键字主要集中在水产养殖、遗传、病害、产物酶等见图2-29。

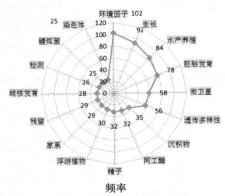

图2-29　2001—2011年黄海所中文期刊论文研究热点——养殖方式或手段（次）

黄海所科研人员的研究重点与热点主要集中在桑沟湾、黄海等区域（见图2-30）。

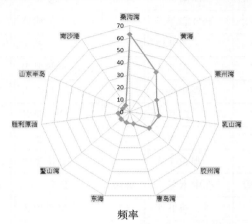

图2-30　2001—2011年黄海所中文期刊论文研究热点——区域（次）

2.2.2.4　学科分布

2001—2011年黄海所发表的中文期刊科技论文（第一作者/通讯作者）按10大学科进行标引，得到10大学科的分布，如图2-31和图2-32。所占比例最高的是水产养殖技术，占22%，其次是水产遗传育种，占19.5%，水产病害防治占15.6%。

黄海所近10年在10大学科发表论文数量图

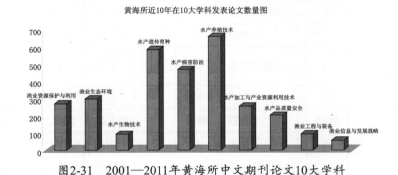

图2-31　2001—2011年黄海所中文期刊论文10大学科

图2-32　2001—2011年黄海所中文期刊论文10大学科占比

2.2.2.5 基金资助分析

2001—2011年黄海所受资助的论文为1 803篇，项目来源近90个。 国家863计划项目资助频次达523次，其次国家自然科学基金达487次，具体内容见表2-40。

表2-40 基金资助情况

排序	项目	频次（次）
1	国家863计划项目	523
2	国家自然科学基金	487
3	国家重点基础研究项目（973）	272
4	农业部项目（948、结构调整、跨越计划、部重点项目等）	255
5	省市项目	232
6	国家科技支撑计划（国家攻关）	225
7	中央级公益性科研院所基本科研业务费专项	123
8	公益性农业行业专项	101
9	开放实验室课题	68
10	国家鲆鲽类产业技术体系	24

2001—2011年，受资助论文数量及资助率如图2-33，受资助率在逐年上升，而在2005年有小幅回落，至2010年，论文受资助率首次超过60%达到历年最高，但2011年又有所回落。

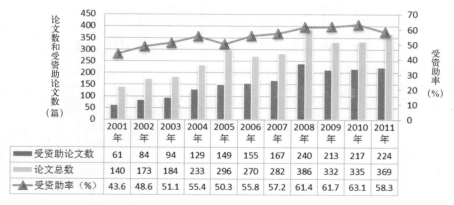

	2001年	2002年	2003年	2004年	2005年	2006年	2007年	2008年	2009年	2010年	2011年
受资助论文数	61	84	94	129	149	155	167	240	213	217	224
论文总数	140	173	184	233	296	270	282	386	332	335	369
受资助率（%）	43.6	48.6	51.1	55.4	50.3	55.8	57.2	61.4	61.7	63.1	58.3

图2-33 2001—2011年黄海所中文期刊论文受资助率

2.2.2.6 期刊分析

2001—2011年，黄海所中文期刊论文分布于252种期刊，其中渔业类期刊27种，发文数为2 236篇，占发文总量的70%；渔业类核心期刊22种，发文数为1 987篇，核心期刊发文率为89%。发文数量排名前10位的期刊共发表文献1 906篇，占论文总量的61.82%，期刊名称及发文数量如表2-41。

表2-41　2001—2011年黄海所中文期刊论文高发文期刊

单位：篇

期刊名称	渔业科学进展	中国水产科学	水产学报	海洋科学
发文数量	956	279	218	104
期刊名称	海洋湖沼通报	中国海洋大学学报	齐鲁渔业	科学养鱼
发文数量	80	71	63	58
期刊名称	高技术通讯	动物学报	海洋环境科学	安徽农业科学
发文数量	42	35	33	32

2.2.2.7　引文分析

由于引文分析存在相对的滞后性，因此仅对2001—2010年的进行引文分析。2001—2010年间，发文数量、被引量及平均被引率年度变化趋势见图2-34。10年间，平均被引率为7.38。

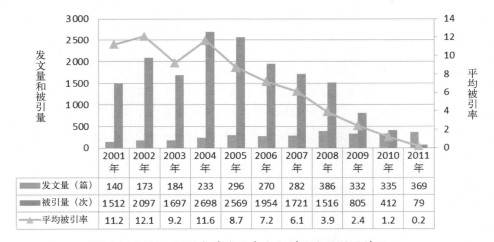

	2001年	2002年	2003年	2004年	2005年	2006年	2007年	2008年	2009年	2010年	2011年
发文量（篇）	140	173	184	233	296	270	282	386	332	335	369
被引量（次）	1512	2097	1697	2698	2569	1954	1721	1516	805	412	79
平均被引率	11.2	12.1	9.2	11.6	8.7	7.2	6.1	3.9	2.4	1.2	0.2

图2-34　2001—2011年黄海所中文期刊论文被引用情况

2.2.3　学位论文分析

2.2.3.1　年度统计

黄海所以第一导师从2001年接收研究生，2003年第一批研究生毕业，2001—2011年共检索硕博学位论文339篇（见表2-42）。

表2-42　2001—2011年黄海所第一导师历年培养研究生提交学位论文数

单位：篇

年度	2003年	2004年	2005年	2006年	2007年	2008年	2009年	2010年	2011年	合计
硕士	7	22	30	40	37	57	43	35	30	301
博士	0	1	3	7	4	8	8	1	6	38
合计	7	23	33	47	41	65	51	36	36	339

2.2.3.2　导师数据

2001—2011年，黄海所共有39位导师[①]指导研究生顺利完成学业，毕业并获得相应的学位。指导培养毕业研究生较多的是王印庚、李健、陈松林、王清印、黄倢等10位导师（见表2-43），共培养毕业了246名硕博研究生毕业，占总毕业人数的72%。

表2-43　2001—2011年黄海所硕博导师培养研究生量排名

导师姓名	指导学生数量（人）	导师姓名	指导学生数量（人）
王印庚	36	孔　杰	17
李　健	34	孙　耀	16
陈松林	29	周德庆	15
王清印	28	刘　萍	13
黄　倢	25	孙　谧	12

2.2.3.3　毕业院校数据

2001—2011年黄海所主要与海洋类、水产类综合大学联合培养硕博研究生，主要集中在10家单位（见表2-44）。其中中国海洋大学184人、上海海洋大学117人，分别占总毕业人数的54.28%和34.51%，成为我所联合培养研究生的最主要生源。

表2-44　2001—2011年黄海所联合培养硕博研究生毕业院校统计

排序	授予学位	授予学位单位	毕业学生数量（人）
1	硕士	中国海洋大学	152
2	硕士	上海海洋大学（上海水产大学）	114
3	博士	中国海洋大学	30
4	硕士	大连海洋大学（大连水产学院）	18
5	硕士	青岛科技大学	5
6	硕士	新疆农业大学	5

①通过万方数据检索平台检索，部分导师培养的研究生因各种原因没有检索到毕业论文，暂不做统计

2.2.3.4 攻读专业数据

2001—2011年黄海所联合培养的研究生所学专业有31个（见表2-45）。

表2-45　2001—2011年黄海所联合培养研究生专业一览表

专业	毕业人数（人）	专业	毕业人数（人）
水产养殖学	100	动物学	2
海洋生物学	51	分析化学	2
临床兽医学	27	环境化学	2
渔业资源	27	环境科学	2
水生生物学*	25	海洋声学	1
水产品加工与贮藏工程	19	海洋微生物	1
食品科学与工程	16	海洋渔业环境	1
动物遗传育种与繁殖	11	生物工程	1
细胞生物学	9	生物化学与分子生物学	1
海洋化学	7	水产疾病	1
生态学	7	水产养殖病害	1
生物化工	5	药物化学	1
遗传学	5	遗传育种与繁殖	1
动物营养与饲料科学	4	营养饲料	1
生态学	4	植物学	1
捕捞学	3		

2.2.4　国内会议论文

2.2.4.1　文献数量

通过CNKI和万方数据库检索，2001—2011年，黄海所发表国内会议论文共计304篇，第一作者发文221篇，占发文总数73.03%。按年度分布情况分别见表2-46。

表2-46　2001—2011年黄海所发表国内会议论文数量

年份	2001	2002	2003	2004	2005	2006	2007	2008	2009	2010	2011	合计
发文量（篇）	12	21	40	41	32	6	46	36	16	10	38	298
发文量（篇）（第一/通讯）	10	17	29	33	25	4	39	26	12	4	22	221

2.2.4.2 论文来源

第一作者发表的会议文献221篇，来自于49个种类的会议，38个主办单位。频次排名前5位的会议及主办单位，见表2-47和表2-48。中国水产学会、中国海洋湖沼学会等主办的学术年会成为会议文献的最主要的来源。

表2-47　2001—2011年黄海所参加学会会议主要主办单位

主办单位	中国水产学会	中国海洋湖沼学会	中国动物学会	中国21世纪管理中心	中国水产科学研究院
频次（次）	116	56	32	17	10

表2-48　2001—2011年黄海所主要发表会议论文会议名称

学术会议名称	中国水产学会	国家863海洋生物高技术论坛	中国动物学会、中国海洋湖沼学会贝类学分会年会	中国水产科技论坛	全国海珍品学术研讨会
频次（次）	86	17	14	9	9

2.3　南海水产研究所科技论文产出深度分析

科技论文是科技研究成果的一种重要表现形式，能够在很大程度上反映一个机构的科研能力水平。基于文献计量学方法，本章节对南海水产研究所（以下简称南海所）2001—2011年共11年的科技论文进行了统计，分析了其科技论文的产出力与影响力，以期为科研管理部门全面了解本所论文产出现状提供信息支撑。

2.3.1　信息源与质量控制

收集2001—2011年间南海所科技论文产出成果，包括中英文期刊论文、会议论文（英文会议论文包括2012年产出）、联合培养研究生学位论文。其中中文科技论文数据源自于维普期刊、CNKI期刊、万方硕士论文、万方博士论文、CNKI硕士论文、CNKI博士论文、万方会议论文、CNKI会议论文等数据库；英文科技论文数据主要源自于SCI、EI数据库。在数据库检索的基础上，与南海所内部统计的发表论文数据进行逐条核对，并补充了该所科技人员发表的内部期刊论文等，以全面反映南海所的科技产出。

采用Excel 2010软件进行数据处理、运算及制表，剔除重复、错误数据，并对改名期刊、学校名称等进行合并处理，保障数据分析的可信度。

2.3.2　分析方法

利用Excel 2010对数据进行文献计量学统计，分析内容包括：①中文期刊论文的产出年代、载文期刊分布、学科分布、关键词分布、作者分布与合作情况、基金资助项目论文分布、引文分析；②中文会议论文的会议类型分布、学科分布；③英文期刊论文的被引分析、高产出作者、学科分布、发文期刊的影响因子、基金资助情况、高产作者、合作情况；④英文会议论文数量与发布会议统计；⑤学位论文的数量与专业分布、授予单位分布、学科分布。最后根据统计结果对科技论文产出情况进行综合评价。

2.3.3　中英文科技论文统计与分析

2.3.3.1　中文期刊论文

1）发文数量

从2001—2011年间，南海所发表中文科技期刊论文共计1 554篇，其中第一作者或通讯作者的论文数为1 444篇，占总数的92.9%。每年度的论文总量第一作者或通讯作者论文数量见表2-49。

表2-49　2001—2011年中文科技论文数量

单位：篇

年份	2001	2002	2003	2004	2005	2006	2007	2008	2009	2010	2011
论文数量	48	48	62	76	170	150	159	194	190	207	250
第一作者或通讯作者论文数量	46	45	62	73	161	142	143	181	181	183	227

南海所中文期刊论文呈整体增长趋势，在2005年出现较大增幅，2006年后平稳增长，表明该所中文科研产出水平在近年来获得较快进步。2004年后论文总量与第一作者或通讯作者论文数量差距拉大，随着科研工作的逐步展开，南海所在科研方面与其他单位的合作不断加强。图2-35显示了南海所近年来论文数量的整体变化趋势。

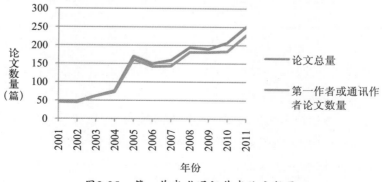

图2-35　第一作者或通讯作者论文数量

2）发文期刊

中文期刊论文分布于175种期刊，选择发文数超过10篇的期刊如下（表2-50），共计33种，发表的论文为1 248篇，占总量的80.3%，平均发文量为37.8。

表2-50　发文数最多的期刊与文章数量

单位：篇

刊名	数量	刊名	数量
南方水产科学（水产文摘、南方水产）	305	台湾海峡	17
中国水产科学	109	应用生态学报	17
海洋与渔业	68	现代渔业信息	16
水产学报	61	渔业现代化	16
食品科学	60	海洋渔业	15
广东农业科学	57	生态学报	15
湛江水产大学学报（广东海洋大学学报）	55	制冷	15
热带海洋学报	53	齐鲁渔业	14
上海水产大学学报	37	海洋湖沼通报	12
海洋环境科学	36	大连海洋大学学报（大连水产学院学报）	11
中国水产	35	动物学杂志	11
渔业科学进展（海洋水产研究）	33	生态学杂志	11
安徽农业科学	30	食品与发酵工业	11
海洋科学	28	水生生物学报	11
科学养鱼	23	现代食品科技	11
农业环境科学学报	23	中国渔业经济	11
食品工业科技	21		

3）学科分析

将所有科技论文（共计1 554篇）及第一作者或通讯作者文章（1 444篇）按研究内容分成10个学科类别，每个学科类别的论文数量详见表2-51。

其中：F类水产养殖技术数量最多，占论文总数的26.19%；其次比例较大的有B类渔业生态环境（17.25%）和A类渔业资源保护与利用（13.64%）。所有类别中，A、B、C、F、T五类占了总数的79.22%，即南海所在渔业资源保护与利用、渔业生态环境、水产生物养殖、水产养殖技术和水产加工与产物资源利用技术等方面中文科技期刊论文产出较多。学科分类示意图见图2-36。

表2-51　各学科论文数量分布

单位：篇

学科分类	论文数量	第一作者或通讯作者论文数量
A渔业资源保护与利用	212	205
B渔业生态环境	268	248
C水产生物技术	163	143
D水产遗传育种	12	11
E水产病害防治	109	95
F水产养殖技术	407	396
H水产品质量安全	63	60
P渔业工程与装备	46	40
Q渔业信息与发展战略	40	40
S行政、综述等	53	41
T水产加工与产物资源利用技术	181	165

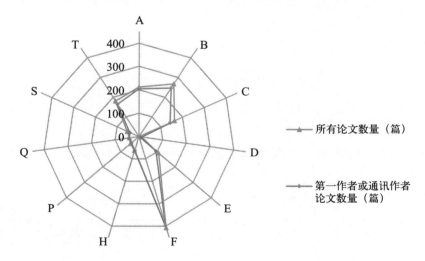

图2-36　两类论文在各学科中的数量关系

4）关键词分析

所有中文科技期刊论文的关键词为6 258个，其中不同关键词3 095个。出现频次最多的30个关键词见表2-52。

表2-52　高频关键词

关键词	频次（次）	关键词	频次（次）	关键词	频次（次）
凡纳滨对虾	53	遗传多样性	26	消化酶	20
生长	49	鱼类	25	盐度	20
斑节对虾	44	合浦珠母贝	24	浮游植物	18
罗非鱼	43	人工鱼礁	24	鲮	18
南海北部	41	杂色鲍	24	温度	17
大亚湾	38	对虾养殖	23	幼鱼	17
北部湾	35	军曹鱼	23	渔业资源	17
种类组成	32	南海	23	对虾	16
卵形鲳	29	水产品	21	群落结构	16
芽孢杆菌	27	分布	20	珊瑚礁	16

从高频关键词可以看出，对虾、罗非鱼、卵形鲳、杂色鲍、鲮等研究对象，南海北部、大亚湾、北部湾、南海等海域，盐度、温度、群落结构、分布等维度，是南海所近年来的研究热点。高频关键词与南海所的研究大方向契合，显示了该所近年来主要的研究范围。同时，3 000余个关键词也显示南海所的研究对象从宏观到微观，涵盖了水产渔业领域的各个方面。

5）作者分析

（1）高产作者分析

发文数量是衡量研究人员科研产出的标准之一，发文数量的统计有助于对科研人员的评价。南海所科研人员以第一作者发表文章数为1 389篇，以通讯作者（第一作者非本单位）发表文章55篇；在中文期刊论文数据中，南海所共计有299人作为第一作者发表文章。以第一作者发表论文数在10篇及以上的有36位（表2-53）。

表2-53　高产作者的发文数量

单位：篇

作　者	区又君	李卓佳	甘居利	吴燕燕	李来好	杨　呑
文章数	50	38	28	28	25	23
作　者	黄梓荣	杨贤庆	文国樑	郝淑贤	苏天凤	陈作志
文章数	20	20	17	16	16	15
作　者	郭根喜	李纯厚	李加儿	吴进锋	蔡文贵	岑剑伟
文章数	15	15	15	15	13	13

作　者	陈国宝	陈胜军	王瑞旋	王增焕	徐力文	杜飞雁
文章数	13	13	13	13	13	12
作　者	颉晓勇	王学锋	艾　红	曹煜成	丁　贤	杨美兰
文章数	12	12	11	11	11	11
作　者	陈丕茂	黄建华	黄小华	孙典荣	王雪辉	喻达辉
文章数	10	10	10	10	10	10

此外，所有科技论文的著者，包括第一作者、通讯作者和其他类型作者人数为981人，其中名字出现次数或参与论文数超过50次的科研人员见表2-54。这些科研人员与表2-53中的科研人员一起构成了南海所科研队伍的核心。

表2-54　高产作者参与论文数

单位：篇

作　者	李来好	贾晓平	杨贤庆	李纯厚	李卓佳	吴燕燕
参与文章数	195	174	153	134	127	114
作　者	区又君	江世贵	林钦	刁石强	郝淑贤	李加儿
参与文章数	103	102	90	86	81	79
作　者	岑剑伟	甘居利	蔡文贵	喻达辉	陈丕茂	张汉华
参与文章数	75	72	72	62	60	58
作　者	冯　娟	曹煜成	陈胜军	石　红	李刘冬	苏天凤
参与文章数	57	55	55	52	51	51

（2）作者合作情况

科技论文合著是科研产出的常见现象，大部分科研项目都是由多位科研人员共同参与完成的。一般通过论文著者的合著率与合著度计算作者合著的情况。合著率是指在确定的时间范围内某种或某类期刊发表的合著者论文数与论文总数之比；合著度是指在确定时域内，某种或某类期刊每篇论文的平均著者数，即单篇文献著者数，合著度是衡量期刊论文著者合作研究程度的重要指标[①]。

2001—2011年间，南海所发表的1 554篇科技论文中，单一作者发表文章数为118篇，总体科技论文的合著率为0.924；以同样方法计算得第一作者或通讯作者为南海所研究人员的文献合著率为0.918（表2-55）。南海所科研成果的整体合著率超过0.9，表明大部分科研成果都是多位科研人员合作完成。

---

①文新草.从著者分布看中国图书馆学研究.情报学刊,1990,11(5):335-339。

表2-55　不同时期的合著率

时期	早期	中期	近期	所有时期
合著率	0.876 068	0.906 389	0.945 904	0.924 67

将南海所的所有科技论文分为早期（2001—2004年）、中期（2005—2008年）、近期（2009—2011年）三个时期，分别计算其平均合著率并进行比较，可以看出，随着时间的推移，南海所科技论文的合著率逐步增加。

2001—2011年间南海所著者合著度为4.36，每一年份的合著度见表2-56。结合图2-37可以看出，近年来南海所科技论文的作者合作度呈整体上升趋势，说明研究者之间的合作程度随时间的变化在逐年提高。

表2-56　各年度作者合著度

年份	2001	2002	2003	2004	2005	2006	2007	2008	2009	2010	2011
合著度	3.937 5	3.645 8	4.209 7	3.973 7	3.911 8	3.840 0	4.396 2	4.164 9	4.305 3	4.951 7	5.048 0

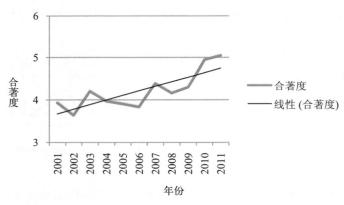

图2-37　2001—2011年作者合著度的变化趋势

6）基金资助情况

（1）受资助情况

所有科技论文中受到项目资助的论文有1 216篇，占总数的78.25%。其中部分科技论文有多项资助。通过分析每一年受资助论文数，分析南海所论文资助水平的变化趋势。由表2-57可以看出，论文受资助比例在2002年较之2001年有小幅降低；从2002年到2005年出现了跨越式的增长；2005年至2007年比例变化较小，比例小幅提高；2008年有所降低，2009年回至2007年的水平，2010年与2011年达到最高比例（图2-38）。总体上受资助论文比例呈现大幅提高的趋势，结合科研成果数量的增长，显示近年来南海所承担的各类研究项目增加，为国家或地方的科研产出作出了越来越多的贡献。

表2-57　每一年度文章总数与受资助文章数

单位：篇

年份	2001	2002	2003	2004	2005	2006	2007	2008	2009	2010	2011
总文章数	48	48	62	76	170	150	159	194	190	207	250
受资助文章数	21	19	37	51	137	123	133	128	158	185	224

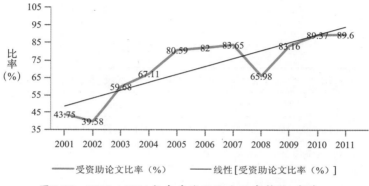

图2-38　2001—2011年度受资助论文比率趋势（%）

（2）主要资助来源

筛选各类项目、经费、基金、资助、专项、专题、计划、课题，整合后统计得出不同类型的资助300多种，资助来源广泛。对所有类型资助统计后，选择出其中出现频次最多的类型（见表2-58）。

表2-58　10种重要资助类型

资助名称	科技论文中资助频次（次）
国家863高技术研究发展计划项目	168
中央级公益性科研院所基本科研业务费专项资金	165
广东省科技计划项目	154
国家科技支撑计划项目	51
广东省海洋渔业科技推广专项	50
广东省重大科技兴海项目	46
国家自然科学基金	45
广东省自然科学基金	37

南海所科研经费来源广泛，其中国家863高技术研究发展计划项目中文科技论文产出最高，其次为中央级公益性科研院所基本科研业务费专项资金、广东省科技计划项目，三者产出接近并远高于其他项目类型产出。另外，广东省各类资助项目也是南海所重要的资助来源，这类经费中文科技论文产出总量大，一方面反映南海所在取得地方性科研经费方面的成绩，另一方面也反映出广东省对渔业水产研究的支持。

7）引文分析

鉴于科技论文被引的滞后性，仅选取2001—2010年共10年的数据进行统计。南海所2001—2010年以第一作者或通讯作者发表论文共1 217篇，总被引频次为7 383次，平均被引频次为6.07次。各年度的被引频次及被引频次趋势见表2-59和图2-39。

表2-59 每一年度被引与平均被引频次

年份	2001	2002	2003	2004	2005	2006	2007	2008	2009	2010
论文数	46	45	62	73	161	142	143	181	181	183
被引频次	447	418	675	748	1 369	1 051	1 017	743	601	314
平均被引频次	9.72	9.29	10.89	10.25	8.50	7.40	7.11	4.10	3.32	1.72

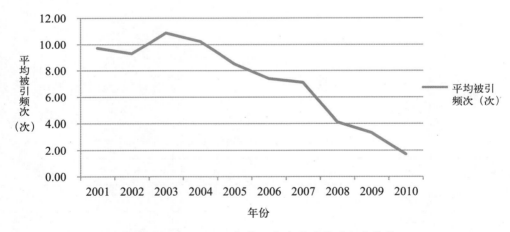

图2-39 2001—2010年每一年度平均被引频次趋势

图2-39显示，整体上年份越早的科技论文平均被引频次越高，年份较近的科技论文平均被引频次较低，反映了引文的滞后性，也说明早期科技论文持久的影响力；同时可预测较近年的科技论文平均在未来被引的趋势。

2.3.3.2 中文会议论文

中文会议论文总计301篇，其中第一作者为南海所的有265篇，占总数的88.0%。

1）会议类型及主办单位分析

所有会议论文中分布于63种类型会议，共计57个主办单位。论文频次超过5的会议见表2-60，主办次数最多的前10个单位见表2-61。

表2-60　发表论文频次最多的会议

会议名称	频次（次）
中国水产学会学术年会	103
中国动物学会·中国海洋湖沼学会贝类学分会	25
世界华人虾蟹类养殖研讨会	24
水产科技论坛	10
广东省食品学会年会	9
国家"863"计划资源环境技术领域海洋生物高技术论坛	8
广东、湖南、江西、湖北四省动物学学术研讨会	7
广东海洋湖沼学会	7
全国海水养殖学术研讨会	7
泛珠三角区域渔业经济合作论坛年会	6
全国水产品加工与综合利用学术研讨会	6
我国专属经济区和大陆架勘测研究专项学术交流会	6
中国科协学术年会	6

表2-61　主办会议频次最高的单位

主办单位	频次（次）
中国水产学会	129
（中国动物学会）中国海洋湖沼学会贝类分会	38
（中国动物学会）甲壳动物学分会	27
（中国动物学会）中国海洋湖沼学会甲壳动物学分会	27
中国海洋学会	13
广东省食品学会	12
（中国动物学会）中国海洋湖沼学会	11
中国水产科学研究院	11
中国21世纪议程管理中心	8
广东省动物学会	7

2）学科比例

根据10个学科类别分类会议论文，每个学科会议论文的比例见表2-62。F类水产养殖技术所占比例最高，为30.90%，B类渔业生态环境与C类水产生物技术分别占17.94%与13.62%，其他学科均在10个百分点以下。由图2-40可见南海所会议论文在各学科中数量分布，除F类水产养殖技术学科外，B类渔业生态环境和C类水产生物技术类在会议论文与期刊论文中均占较大比重。

表2-62　会议论文在各学科中所占比例

学科分类	比例
B渔业生态环境	17.94%
C水产生物技术	13.62%
D水产遗传育种	0.66%
E水产病害防治	4.32%
F水产养殖技术	30.90%
H水产品质量安全	5.98%
P渔业工程与装备	2.99%
Q渔业信息与发展战略	4.32%
S其他类（行政管理、综述等）	1.33%
T水产加工与产物资源利用技术	7.97%

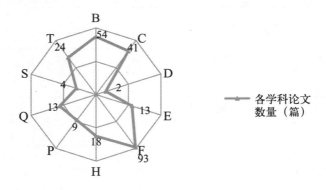

图2-40　会议论文在各学科中的数量分布

2.3.3.3　英文期刊论文

英文期刊论文主要是SCI收录文章，也包含少量SCI未收录在国内刊物上发表的英文论文。SCI论文在全球影响范围广，发表难度高，很大程度上反映了一个科研机构的研究实力和学术影响力。

1）发文数量

2001—2011年间南海所发表非SCI的英文科技论文16篇，分布于10种期刊，其中广东农业科学发表7篇，发表时间为2005—2011年。2001—2011年间南海所SCI收录的英文科技论文有131篇，其中以第一作者发表的有77篇，占总数的58.8%。SCI论文各年分布见表2-63，从对应的趋势图2-41可见近5年来南海所SCI论文数增长迅猛，呈现良好的发展势头。

表2-63显示了南海所各年度以第一作者发表的SCI论文数量。值得注意的是，南海所2004年之前无第一作者发表的SCI论文，自2004年起SCI论文由6篇迅速增加到2006年15篇，2007年回降到3篇后，2008年以来稳步增长。图2-42显示SCI论文变化趋势。

表2-63　SCI论文每年度发文总数及第一作者论文数

单位：篇

年份	2001	2002	2003	2004	2005	2006	2007	2008	2009	2010	2011
论文总数	1	0	0	6	6	15	6	15	20	29	33
第一作者论文数	0	0	0	4	2	15	3	11	14	10	18

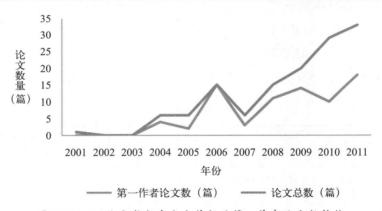

图2-41　SCI论文每年度发文总数及第一作者论文数趋势

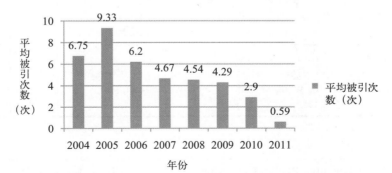

图2-42　2001—2011年第一作者SCI论文年度平均被引情况

2）被引分析

所有SCI论文的被引频次总数为483次，平均被引次数为3.69次。第一作者发表论文的被引总数为321次，平均被引频次为4.17次。

从年度被引情况来看，2005—2008年间文献平均被引频次较大（表2-64）：这几年发表的论文时间较早，因被引具有一定的滞后性，其平均被引数量较随后年份的文章要高。

表2-64　所有SCI论文年度被引情况

年份	2001	2002	2003	2004	2005	2006	2007	2008	2009	2010	2011
数量（篇）	1	0	0	6	6	15	7	15	19	29	33
总被引量（次）	1	0	0	44	34	93	52	69	84	66	22
平均被引量（次）	1	--	--	7.33	5.67	6.20	7.43	4.60	4.42	2.27	0.67

3）高被引论文

高被引论文是指在某个统计时间区间内被频繁引用，引用次数位居同领域前列的论文。[1] 在此列出南海所SCI论文中被引频次最高的5篇文章如表2-65，第一作者为张殿昌的SCI论文最高被引频次达26次，发表于2005年；2009年同样第一作者为张殿昌的2篇论文具有较高的被引频次，说明该作者的文献在较短时间内产生了较大影响。

表2-65　SCI高被引论文

题名	作者	发表年份	被引频次（次）
Cloning, characterization and expression analysis of interleukin-10 from the zebrarish (Danio rerion)	Zhang, D. C.; Shao, Y. Q.; Huang, Y. Q.; Jiang, S. G.	2005	26
Molecular characterization and expression analysis of the I kappa B gene from pearl oyster Pinctada fucata	Zhang, D. C.; Jiang, S. G.; Qiu, L. H.; Su, T. F.; Wu, K. C.; Li, Y. N.; Zhu, C. Y.; Xu, X. P.	2009	18
Effect of dietary traditional Chinese medicines on apparent digestibility coefficients of nutrients for white shrimp Litopenaeus vannamei, Boone	Lin, H. Z.; Li, Z. J.; Chen, Y. Q.; Zheng, W. H.; Yang, K.	2006	14

---

[1] Thomson Reuters. Thomson Reuters China Citation Laureates 2014[EO/BL]. [2015-03-02].http://ip-science.thomsonreuters.com.cn/chinacitationlaureates/2014/directory2014.htm

续表2-65

题名	作者	发表年份	被引频次（次）
Genetic variation in wild and cultured populations of the pearl oyster Pinctada fucata from southern China	Yu, D. H.; Chu, K. H.	2006	14
Molecular characterization and expression analysis of a putative LPS-induced TNF-alpha factor (LITAF) from pearl oyster Pinctada fucata	Zhang, D. C.; Jiang, J. J.; Jiang, S. G.; Ma, J. J.; Su, T. F.; Qiu, L. H.; Zhu, C. Y.; Xu, X. P.	2009	13

4）学科分析

所有SCI论文依据十个学科（表2-66）进行分类，得出其比例图2-43，可见C类水产生物技术所占比例高达45%，F类水产养殖技术比例高达21%；A、B、C、F四类占了所有SCI论文的93%，较之中文期刊与会议论文，F类比例相对较小，但整而言A、B、C、F仍是研究重点。

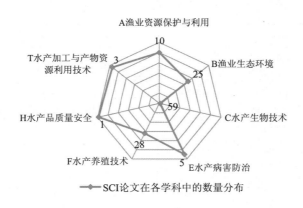

图2-43　SCI论文学科分类比例

5）期刊分析

所有SCI论文分别发表在73种期刊上，其中发表论文为4篇及以上的刊见表2-66。

期刊影响因子（Impact factor，IF），是表征期刊影响大小的一项定量指标，也就是某刊平均每篇论文的被引用数，它实际上是某刊在某年被全部源刊物引证该刊前两年发表论文的次数，与该刊前两年所发表的全部源论文数之比。选取SCI期刊引证报告中选取过去5年平均影响因子（5-Year Impact Factor）为主要发文期刊作参考，不仅可以看出发文数量最多的期刊，也可以对这类期刊有更深的认识。

从表2-67中可以看出，南海所SCI论文与第一作者文章发文量最多的期刊都具有较高的影响因子。发表论文数量排名前3的期刊影响因子均超过2.0，说明南海所科技人员在发表SCI文章时对自身的高要求，也从侧面反映了发表论文的高质量水平。

表2-66　SCI论文期刊发文数量

期刊名	发文量（篇）	期刊影响因子
AQUACULTURE	11	2.696
FISH & SHELLFISH IMMUNOLOGY	7	3.715
MOLECULAR BIOLOGY REPORTS	7	2.809
AQUACULTURE RESEARCH	5	1.497
ACTA OCEANOLOGICA SINICA	4	0.520
FISHERIES SCIENCE	4	0.978

南海所第一作者SCI论文总数为77，分别发表于44种期刊。第一作者论文中发文数量为3篇及以上的刊见表2-67。这些期刊发文数为35篇，约占总数的一半，这8种期刊构成南海所发表SCI论文的核心阵地。

表2-67　第一作者SCI论文期刊发文数量

发文期刊	发文数量（篇）	期刊影响因子
MOLECULAR BIOLOGY REPORTS	7	2.809
FISH & SHELLFISH IMMUNOLOGY	6	3.715
AQUACULTURE	5	2.696
ACTA OCEANOLOGICA SINICA	4	0.520
AQUACULTURE RESEARCH	4	1.497
FISHERIES RESEARCH	3	1.887
FISHERIES SCIENCE	3	0.978
MARINE GENOMICS	3	1.368

6）基金资助情况

所有SCI论文中，受到资助的共有83篇，资助率达63.4%。资金来源层级高低不一，共105种，累计资助次数为222次。表2-68列出资助文章数最多的10类基金。

表2-68　论文基金资助情况

基金名称	资助次数（次）
Hi-Tech Research and Development Program (863) of China	22
National Natural Science Foundation of China (NSFC)	18
Central Institutes of Public Welfare Projects	10

续表2-68

基金名称	资助次数
Major Science and Technology Projects of Guangdong	9
National Key Technology R and D Program, China	7
National sci-tech platform projects	6
South China Sea Fisheries Research Institute, CAFS	6
Key Laboratory of Fishery Ecological Environment, Ministry of Agriculture of China	5
Ministry of Science and Technology of China	5
National Major Basic Research Program (973) of china	5

基金资助频次最多的是国家"863计划"［Hi-Tech Research and Development Program (863) of China］、国家自然科学基金［National Natural Science Foundation of China (NSFC)］。有所SCI论文中资助较多的均为国内基金，包括国家重大项目基金及地方性基金，而国外资金利用极少。

7）高产作者

南海所共有35人以第一作者署名发表SCI文章，其中发表3篇及以上论文的有8人（表2-69）。此外，整合所有第一作者为南海所科技人员的SCI文献，列举出现频次最多的著者见表2-70。二者构成南海所SCI高产作者群。

表2-69　南海所第一作者SCI文章数

作　者	张殿昌	邱丽华	陈作志	愈达辉	林黑着	夏军红	江世贵	周发林
论文数（篇）	10	8	6	5	4	4	3	3

表2-70　南海所第一作者SCI论文的高频著者

作者	江世贵	张殿昌	邱丽华	黄建华	贾晓平
频次（次）	31	17	15	11	11
作者	李卓佳	邱永松	林黑着	苏天凤	周发林
频次（次）	10	10	9	9	9

8）合作情况

SCI论文共计131篇，其合著率为100%，合著度为5.4；南海所第一作者SCI论文共计77篇，其合著率为100%，合著度为5.25。

2.3.3.4 英文会议论文

1）发文数量

南海所2001—2012年发表的英文会议论文共19篇，其中4篇为非EI论文。在此主要针对这15篇EI论文进行分析。南海所EI论文发表时间集中于2008—2012年（表2-71），与近年来日益开放的学术环境及南海所日益增强的科研实力紧密相关。所有EI论文中，南海所第一作者或通讯作者的EI论文为12篇，占大多数。

表2-71　每年度EI会议论文数量

年份	2001—2007	2008	2009	2010	2011	2012
数量（篇）	—	4	0	2	3	6

2）发文会议

19篇英文会议论文分别见于11种会议中。其中EI收录会议论文分别发布于5种会议：其中生物技术、化学与材料工程国际会议（International Conference on Biotechnology, Chemical and Materials Engineering, CBCME）发表论文数为4篇，生物信息学与生物医学工程国际会议（International Conference on Bioinformatics and Biomedical Engineering, iCBBE）5篇。12篇南海所第一作者/通讯作者EI论文发表的会议分布见表2-72。

表2-72　南海所第一作者/通讯作者EI发文频次及会议

会议	频次（次）
International Conference on Biotechnology, Chemical and Materials Engineering, CBCME（生物技术、化学与材料工程国际会议）	4
International Conference on Bioinformatics and Biomedical Engineering, iCBBE（生物信息学与生物医学工程国际会议）	5
International Conference on Materials for Environmental Protection and Energy Application, MEPEA（环境保护与能源应用材料国际会议）	1
Seventh International Conference on Fuzzy Systems and Knowledge Discovery, FSKD（模糊系统与知识发现国际会议）	1
International Conference on Natural Computation, ICNC（自然运算国际会议）	1

2.3.3.5 学位论文

1）数量统计

可统计数据始自2003年，截至2011年，南海所培养研究生的学术论文产出为139

篇，分别由18位导师（第一导师）指导；其中硕士论文为136篇，博士论文为3篇。

随着科研机构科研项目增加，高级人才的大量引进，以及中国高等院校的扩招，南海所近年来与高校合作联合培养人才的规模逐步扩大。图2-44显示近年来南海所学位论文产出的数量，呈现出不断上升的趋势。

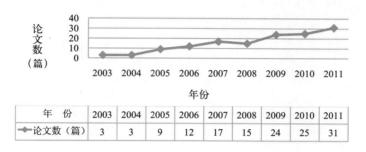

年　　份	2003	2004	2005	2006	2007	2008	2009	2010	2011
论文数（篇）	3	3	9	12	17	15	24	25	31

图2-44　2003—2011年各年度学位论文产出数量

2）授予学位专业分布

针对授予学位的专业名称对学位论文进行统计，数量分布见图2-45。其中部分专业名称因学校而差异，有食品科学和食品科学与工程、水产加工和水产品加工机储藏、环境科学和渔业环境保护与治理，为便于统计分别取前者作为名称。由图2-45可见，水产养殖、渔业资源与食品科学的学位论文数量较多，即这类学科招收研究生最多，其他学科招收研究生少。

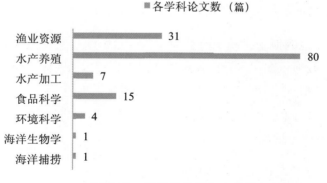

图2-45　招收研究生专业分布

3）授予学位单位

研究生采取联合培养模式，授予学位单位为学生所在学校。从联合培养单位方面分析研究所近年来生源情况，由图2-46可见，生源较多的学校有上海海洋大学、广东海洋大学，二者的生源占了总数的92%，成为研究所人才输入的主力军。

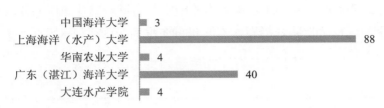

图2-46 授予学位单位的论文数量分布

4）所属学科

各学科学位论文数量分布见图2-47，水产养殖技术、渔业生态环境与水产生物技术等学科所占比例较大，而渔业工程与装备、水产病害防治等方面的论文较少。

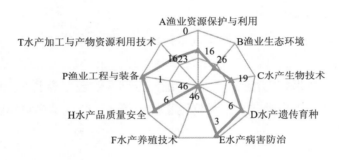

图2-47 学位论文所属学科分布

此外，被万方收录的博士、硕士论文为76篇，被中国知网收录的为28篇，总体被收录率为60.4%。一般地，在作者允许收录的情况下，数据库对硕士论文择优收录；总体收录情况从某种程度上反映出南海所学位论文的质量水平还有较大的提升空间。

在搜集整理博士、硕士学位论文过程中，发现南海所的学位论文存在信息不全、管理分散等问题，希望今后得以完善。

2.3.3.6 科技论文产出力与影响力

1）论文产出力

（1）论文产出数量呈上升趋势

南海所中英文期刊论文与会议论文在2001—2011年间增长较快，其中中文期刊论文年均增长率为16.2%，第一作者或通讯作者论文年均增长率达15.6%；英文论文基数小但增长势头良好；学位论文与招聘联合培养研究生的数量相关，因此分析产出力不作为重点。

论文产出增长快，究其原因，是南海所近年来重视专业人才的吸纳与培养，科研人员的素质不断提高，人才结构比例发生了显著的变化，博士生、硕士生的人数有了明显的增长，为科研产出提供了强有力的保障。

（2）中文论文刊物偏向明显

南海所主办期刊"南方水产科学"发表论文数量最多，占总数的19.6%。发文数第二的是"中国水产科学"，为上级单位中国水产科学研究院主办，二者发文数占所有中文期刊论文的26.7%。

（3）国际论文数量逐步攀升，但整体数量少

2004年以前南海所SCI论文基本为零，2004年以后年度论文数呈较快的增长趋势，但第一作者或通讯作者论文数仍然偏少。南海所英文科研论文起步晚，但发展快，这与南海所近年来不断调整科研人员结构、申请高层次科研项目、科研人员素质明显提升紧密相关。同时，也应看到英文科技论文产出的不足：论文总数较小、作者群体单一、论文学科偏重明显、课题经费来源面窄、期刊影响因子整体偏低等，是南海所英文科技成果产出的另一个特征。

2）论文影响力

（1）论文合著率与合著度高

科技论文著者反映了该时期内合力完成科研工作的情况。南海所中文期刊论合著率超过0.9，合著度超过4，SCI论文合著率为1，合著度超过5，显示南海所科研人员之间、本单位与外单位之间相互合作，联系密切。

（2）基金资助论文数量与比例均快速增长

中文期刊论文受资助论文数年均增长率达26%，年度受资助论文比率也不断提高。公共资金资助科学研究，是社会创造知识、支持创新、促进发展的重要手段；同时，基金论文是一个科研单位利用公共资金效率的重要表现形式之一。因此，快速增长的基金论文数量与其所占产出比例反映出南海所近年来在资金争取、利用方面的进步与对社会的贡献越来越大。

（3）论文被引率整体偏低

被引频次虽存在一定的局限性，但仍是评价论文优劣的重要标准之一。2001—2004年间发表的中文期刊论文平均被引频次在10次左右，2005年后平均被引频次逐步降低，说明整体被引情况并不乐观。通过分析也发现，1554篇中文期刊论文中，大量文献被引次数极少。SCI论文仅有少数优秀论文有较高的被引频次。因此南海所在优质论文发表方面还存在很大的上升空间。

通过分析可以认为，2001—2011年南海所的科技工作取得了显著的成绩，科技论

文的产出呈现出快速增长的态势，论文的影响力也有大幅提升，但也存在较大的发展空间。特别是，一个研究所国际影响力的提高，关键在于其英文科技成果的数量与质量，希望南海所今后在这方面有所突破。

2.4 东海水产研究所科技论文产出深度分析

东海水产研究所（以下简称为东海所）创建于1958年10月，是我国三大海区中面向东海的国家综合性渔业研究机构，隶属于中华人民共和国农业部（以下简称农业部）中国水产科学研究院。2003年，东海水产研究所以较强的科技实力进入国家科技创新体系（国家非营利性科研机构）。目前，全所现有科技人员200余人，研究员30人、副研究员57人；博士生导师3人、硕士生导师32人；国家新世纪百千万人才工程国家级人选2人、中国水产科学研究院首席科学家3人；农业部有突出贡献的中青年专家5人，享有国务院政府特殊津贴的专家29人。主要研究领域是资源保护及利用、捕捞与渔业工程、远洋与极地渔业资源开发、生态环境评价与保护、生物技术与遗传育种、水产养殖技术、水产品加工与质量安全、渔业信息及战略研究。建所50多年来，为我国渔业经济的发展做了大量开创性工作，取得了一大批科研成果，突出体现了科技作为第一生产力的良好社会效益和经济效益。

2.4.1 中文期刊论文

科技论文产出是学科整体实力和水平的反映，分析论文产出情况，有助于了解东海所科研建设发展中的优势和劣势，从而更加客观的制定科研发展规划，在国内外竞争中立于不败之地。本研究基于维普、CNKI、万方三大数据平台，采用文献计量学方法，对东海所科技论文产出的整体情况进行分析，以期对东海所的科学研究和科研管理提供信息支撑。

2.4.1.1 论文数量

在2001—2011年间，东海所在中文期刊上发表的论文数量共计1 704篇，其中第一作者署名为东海所的文章数量为1 489篇，占发文总数的87.38%，通讯作者署名为东海所的文章数量为1 478篇，占发文总数的86.74%。发文数量按年度分布情况如表2-73，变化趋势见图2-48。第一作者署名为东海所的发文情况见表2-74和图2-49。通讯作者署名为东海所的发文情况见表2-75和图2-50。在此期间，东海所发文数量总体呈稳步上升趋势，2001—2011年中文期刊科技论文发文年均增长率达21.18%。

表2-73 科技论文数量

年份	2001	2002	2003	2004	2005	2006	2007	2008	2009	2010	2011
发文量（篇）	41	50	86	158	176	181	155	169	221	237	230

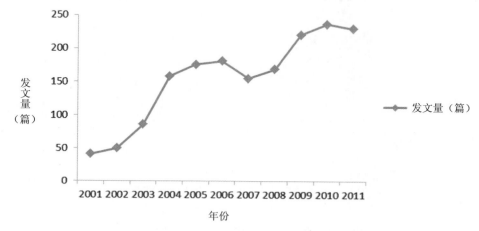

图2-48　2001—2011年科技论文数量变化趋势

表2-74 第一作者科技论文发文数量

年份	2001	2002	2003	2004	2005	2006	2007	2008	2009	2010	2011
发文量（篇）	35	42	73	142	150	164	128	155	186	211	203
比例	85.37%	84.00%	84.88%	89.87%	85.23%	90.61%	82.58%	91.72%	84.16%	89.03%	88.26%

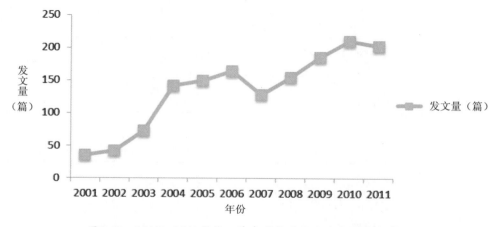

图2-49　2001—2011年第一作者科技论文发文数量变化趋势

表2-75　通讯作者科技论文数量

年份	2001	2002	2003	2004	2005	2006	2007	2008	2009	2010	2011
发文量（篇）	35	43	73	141	150	162	128	155	182	207	202
比例	85.37%	86.00%	84.88%	89.24%	85.23%	89.50%	82.58%	91.72%	82.35%	87.34%	87.83%

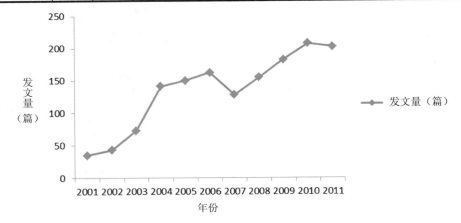

图2-50　2001—2011年通讯作者科技论文数量变化趋势

　　为分析东海所科研人员情况与发表论文数量之间的关系，对近7年科研人员的学历与专业技术职称情况进行了统计，如表2-76可以看出，2005年到2011年，中高级职称人数与硕、博士数量逐年升高，相比较而言，硕、博士数量增长速度更快。硕士、博士总量与科技论文数量系数呈正相关。在2001—2011年间，硕、博士数量与总发文数量之间的相关系数为0.7718，而同期高级职称、中级职称人员数量与总发文数量之间的相关系数为0.4611，通过这一数据可以在一定程度上说明，学历对东海所发文数量的贡献要比职称大。

表2-76　学位与技术职称情况

单位：人

	2005	2006	2007	2008	2009	2010	2011
硕士数量	22	38	37	50	46	54	71
博士数量	11	13	19	30	41	43	52
高级职称数量	45	49	55	63	72	48	84
中级职称数量	52	61	65	72	73	66	79

2.4.1.2　发文期刊

　　经整合和去重后的1 704篇中文期刊文献，分别发表于219种期刊。发文数量排名前15位的期刊，共发表论文1 086篇，占论文总量的65.73%，这15种期刊也构成了东海所科研论文的核心交流平台，期刊名称及发文数量见表2-77。

表2-77　主要发文期刊目录与数量

单位：篇

期刊名称	海洋渔业	现代渔业信息	中国水产科学	水产学报	上海水产大学学报
发文数量	342	191	107	99	44
期刊名称	生态学杂志	水产科技情报	海洋科学	渔业现代化	生态学报
发文数量	42	40	34	33	31
期刊名称	海洋环境科学	应用生态学报	上海海洋大学学报	科学养鱼	食品科学
发文数量	30	30	23	20	20

2.4.1.3　学科分析

水科院将重点建设领域分为10大学科。分析10大学科的发文量可以从一个侧面反映东海所各个学科的发展现状。东海所发表的中文科技论文（第一作者或通讯作者）数量为1 523篇，约占总发文量的89.44%。按10大学科进行标引，得到2001—2011年东海所科技论文在10大学科的分布，如图2-51和表2-78。所占比例最高的是水产养殖技术学科，占19%，其次是渔业生态环境，占18%，渔业资源保护与利用占15%，这3个学科所占比重合计为52%。

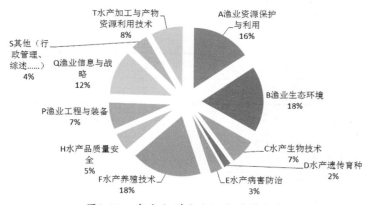

图2-51　中文期刊发文10大学科分布

表2-78　东海所发表论文10大学科论文分布情况

单位：篇

学科名称	A渔业资源保护与利用	B渔业生态环境	C水产生物技术	D水产遗传育种	E水产病害防治	F水产养殖技术
篇数	237	268	103	29	48	282
比例	15.56%	17.60%	6.76%	1.90%	3.15%	18.52%

学科名称	H水产品质量安全	P渔业工程与装备	Q渔业信息与战略	S其他（行政管理、综述……）	T水产加工与产物资源利用技术
篇数	72	109	180	68	127
比例	4.73%	7.16%	11.82%	4.46%	8.34%

2.4.1.4 关键词分析

关键词是科技论文题录信息中最能概括文献主题的词汇，因此，对关键词进行分析，可以挖掘东海所科学研究的优势领域及科研人员关注的热点问题。2001—2011年，东海所发表的中文期刊论文中有1 564篇文章包括关键词，共涉及关键词数量3 319个，其中排名前20位的关键词，见表2-79。从表2-79可以看出，东海所的研究热点区域性特点明显，主要集中在东海地区以及长江口。

表2-79 主要关键词及出现频率

关键词	东海	长江口	浮游动物	生长	东海区
词频（次）	100	76	75	52	42
关键词	优势种	盐度	数量分布	种类组成	水产品
词频（次）	37	36	33	31	31
关键词	小黄鱼	仔鱼	银鲳	脂肪酸	多样性
词频（次）	30	28	27	25	25
关键词	温度	重金属	渔业资源	金枪鱼	渔业
词频（次）	25	23	23	23	23

2.4.1.5 著者情况

1）发文作者简况

按照文章署名可以将作者分为以下三类：第一作者、通讯作者和参与作者。对发文的不同作者类型进行分析，有助于了解东海所研究人员发文情况。第一作者署名为东海所的发文数量为1 489篇。通讯作者署名为东海所的发文数量为1 478篇。第一作者或通讯作者为东海所的文章数量为1 523篇。第一作者和通讯作者均为东海所的文章数量为1444篇。

2）高产作者分析

通过对不同作者在发文中出现次数进行统计，可以分析东海所的高产作者，方便对科研人员进行评价。发文量排名前15位的科研人员见表2-80。

表2-80　发文量居前15位的作者

单位：篇

作者	庄　平	章龙珍	徐兆礼	沈新强	程家骅
发文量	178	151	134	129	102
作者	施兆鸿	杨宪时	张　涛	冯广朋	赵　峰
发文量	97	95	91	86	80
作者	郭全友	许钟	石建高	陈亚瞿	乔振国
发文量	75	73	67	61	59

3）著者合作情况

科技论文著者的合作情况是指一篇科技论文有多少位科技人员参加研究工作。一般来说，一篇文章著者人数越多其著者合作度越高。论文合作情况越高，一方面表明论文研究的技术难度和实用性、实验性越强，需要合作完成的必要性越大；另一方面说明科研人员更加注重研究过程中的交流与合作。一般可以通过合作率和合作度两个指标进行计算，其中，合作率=合作论文数/论文总数。

2001—2011年间，东海所发表的1 704篇科技论文中，独立作者的为188篇，合作论文数量为1 516篇，按照合作率计算公式，可以得出东海所科技论文合作率为88.97%。

合作度也是表示科研人员之间合作与交流的一个重要指标，具体为：合作度=作者总数/科技论文总数，按照这个公式计算东海所论文合作度为0.64。从科技期刊论文发表的情况来看，东海所论文合作度的计算结果包括了非东海所的作者数量。

2.4.1.6　基金资助情况

1）基金项目主要来源

基金资助对于科学研究，尤其对于重大课题的研究极为重要。东海所发表的科技论文受各类基金项目资助的较多，其中资助频次较高的10类项目如表2-81所示。

表2-81　主要基金项目资助情况

项目名称	资助频次（次）
中央级公益型科研院所基本科研专项	332
国家自然科学基金资助项目	201
科技部项目	141
国家高新技术研究发展(863计划)专项	104
上海市科委项目	91
国家科技支撑项目	85

续表2-81

项目名称	资助频次（次）
国家重点基础研究发展计划项目	62
浙江省重大科技攻关专项	48
上海市教委E-研究院建设项目	46

2）基金项目资助率

东海所在2001—2011年间受到项目资助的论文为1 188篇，基金项目资助论文占总发文量的69.72%。2001—2011年，受资助论文数量及资助比率如表2-82所示，受资助率基本呈现稳步增长趋势。

表2-82　发表论文基金资助率

年份	2001	2002	2003	2004	2005	2006
受资助论文数（篇）	8	8	30	82	113	135
论文总数（篇）	41	50	86	158	176	181
受资助率	19.51%	16.00%	34.88%	51.90%	64.20%	74.59%
年份	2007	2008	2009	2010	2011	
受资助论文数（篇）	118	134	183	183	194	
论文总数（篇）	155	169	221	237	230	
受资助率	76.13%	79.29%	82.81%	77.22%	84.35%	

2.4.1.7　引文分析

由于引文分析存在相对的滞后性，因此对2001—2011年的数据进行引文分析，仅能反映出论文数据检索时的情况。2001—2011年间，第一作者署名单位为东海所的发文数量为1 489篇，总被引次数7 975次，通讯作者为东海所的发文数量为1 478篇，总被引次数7 855次。发文数量、被引数量及平均被引率年度分布见表2-83。平均被引率年度变化趋势见图2-52。

表2-83　科技论文被引用情况

	2001	2002	2003	2004	2005	2006	2007	2008	2009	2010	2011
引文量（篇）	300	350	766	1 562	1 747	1 406	1 022	870	701	340	78
发文量（篇）	41	50	86	158	176	181	155	169	221	237	230
平均引用率	7.3	7.0	8.9	9.9	9.9	7.8	6.6	5.1	3.2	1.4	0.3

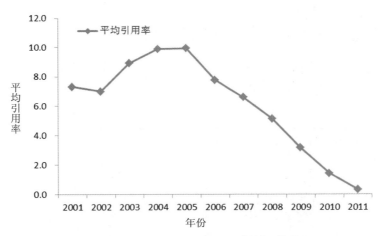

图2-52　科技论文平均被引率变化趋势

可以看出，在2001—2005年间，平均引用率迅速上升，2005年达到峰值后，平均引用率逐年下降，但这与引文分析的滞后性不无关系。

2.4.2　中文会议论文与学位论文

2.4.2.1　中文会议论文

1）文献数量

会议论文就是在会议等正式场合宣读首次发表的论文，属于公开发表的论文，一般正式的学术交流会议都会出版会议论文集，会议论文数量一方面与期刊论文一样反映作者学术水平，另一方面也表现出论文作者与学术界交流的紧密程度。

2001—2011年间，东海所发表中文会议论文共计359篇，第一作者署名为东海所的发文量为330篇，占发文总数的91.92%。按年度分布情况分别见表2-84和表2-85。

表2-84　会议论文数量

年份	2001	2002	2003	2004	2005	2006	2007	2008	2009	2010	2011
发文量（篇）	3	17	7	49	24	11	52	45	37	14	100

表2-85　第一作者会议论文数量

年份	2001	2002	2003	2004	2005	2006	2007	2008	2009	2010	2011
发文量（篇）	3	16	7	44	19	8	50	36	35	14	98

总体而言，2001—2011年间，东海所发表中文会议论文数量呈现波动上升趋势，同样，第一署名单位为东海所的中文会议论文数量也是呈现波动上升的趋势。

2）论文来源

在2001—2011年间，以东海所为第一署名单位的作者发表的会议文献共有57个主办单位。频次排名前5位的主办单位，见表2-86。其中，中国水产学会成为东海所会议文献的最主要的来源。

表2-86　会议主办单位

主办单位	中国水产学会	中国海洋湖沼学会	中国海洋湖沼学会甲壳动物学分会	中国动物学会甲壳动物学分会	中国动物学会
频次（次）	184	19	19	19	10

2.4.2.2　博（硕）士学位论文数量

1）研究生培养总体情况

博（硕）士的培养数量在一定程度上反映了一个研究机构的人才培养能力，是考核研究机构综合实力的重要参考指标。在2003—2011年间，东海所共培养研究生64人，各年度情况见表2-87。

表2-87　历年培养研究生数量

年份	2003	2006	2007	2008	2009	2010	2011
培养数量（人）	1	6	4	9	12	18	14

2）研究生导师情况

在2003—2011年间，研究生培养数量居于前5位的导师如表2-88所示。其中部分已毕业研究生论文还未及时上网，故这一结果仅能代表截止数据检索时的结果。

表2-88　导师与培养研究生数量

导师	杨宪时	徐兆礼	马凌波	沈新强	程家骅
研究生数量（人）	14	10	7	6	5

3）研究生培养学科分析

将2003—2011年间由东海所培养的研究生的研究领域按学科进行分析，结果见表2-89和图2-53。

表2-89　培养研究生学科分布

学科	毕业人数（人）	占总人数比例
A渔业资源保护与利用	6	9.38%
B渔业生态环境	16	25.00%

续表2-89

学科	毕业人数（人）	占总人数比例
C水产生物技术	7	10.94%
F水产养殖技术	13	20.31%
H水产品质量安全	2	3.13%
P渔业工程与装备	6	9.38%
T水产加工与产物资源利用技术	14	21.88%

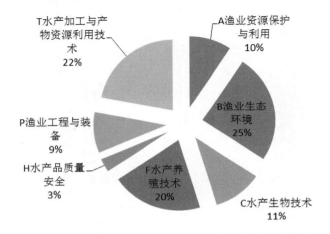

图2-53　研究生培养学科分布

2.4.3　SCI和EI论文

外文科技论文的发表情况可以体现一个科研机构在国际上的影响力，其中，SCI和EI所收录的科技期刊与论文集中了世界上基础学科和工程学科高质量优秀论文的精粹，是国际间衡量论文质量的重要依据。本文基于web of science、EI两大数据平台，采用文献计量学方法，对东海所外文科技论文产出的整体情况进行分析，以期对东海所的科学研究和科研管理提供信息支撑。

2.4.3.1　SCI和EI收录论文数量

在2002—2011年间，东海所科研人员参与发表的外文中，被SCI收录的论文有171篇，被EI收录的论文有33篇。第一作者为东海所且被SCI或EI收录的论文有149篇，占收录论文总数的70.04%。通过表2-90和图2-54、表2-91和图2-55可以看出，近年来，东海所发文被SCI和EI收录的论文数量呈增长趋势。

表2-90　SCI和EI收录论文数量

年份	2002	2003	2004	2005	2006	2007	2008	2009	2010	2011
SCI收录（篇）	1	1	3	9	6	7	16	29	39	60
EI收录（篇）	0	0	1	2	2	2	4	10	6	6

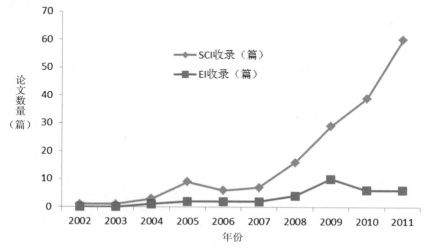

图2-54　2002—2011年SCI和EI收录论文数量

表2-91　第一作者为东海所且被SCI和EI收录论文数量

年份	2002	2003	2004	2005	2006	2007	2008	2009	2010	2011
SCI收录（篇）	1	1	3	7	3	5	10	24	28	50
EI收录（篇）	0	0	0	1	1	2	1	5	3	4

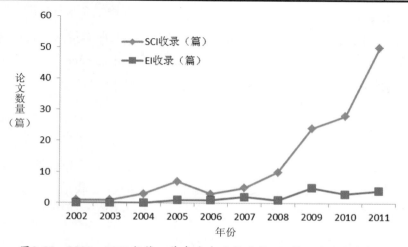

图2-55　2002—2011年第一作者为东海所且被SCI或EI收录论文数量

2.4.3.2 SCI收录论文被引次数

论文被引次数是指某一篇文章被其他论文引用的次数。被引次数可显示一个科研机构学术研究成果的影响力。论文被引频次越高，表明该机构受关注程度越高。而SCI收录论文被引次数更是显示了高质量论文的学术影响力和受关注程度。从整体被引次数上来看，2002—2011年间，东海所被SCI收录的论文被引次数为432次（表2-92）。其中，第一作者署名单位为东海所且被SCI收录的论文被引次数为278次。

表2-92 SCI收录论文被引次数

年份	2002	2003	2004	2005	2006	2007	2008	2009	2010	2011
被引次数（次）	11	9	10	40	46	52	63	71	92	38

从表2-93和图2-56可以看出，在近10年间，第一作者单位为东海所且被SCI收录论文篇均被引率、篇均被引频次均保持着在波动中下降的趋势。

表2-93 第一作者单位为东海所且被SCI收录论文篇均被引率

年份	2002	2003	2004	2005	2006	2007	2008	2009	2010	2011
论文数量（篇）	1	1	3	7	3	5	10	24	28	50
被引次数（次）	11	9	10	28	14	24	41	50	58	33
篇均被引率	1100.00%	900.00%	333.33%	400.00%	466.67%	480.00%	410.00%	208.33%	207.14%	66.00%

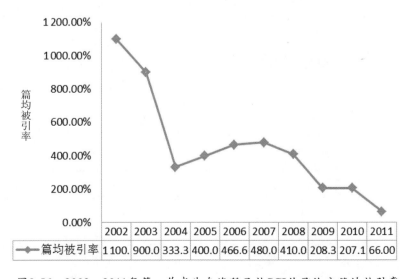

图2-56 2002—2011年第一作者为东海所且被SCI收录论文篇均被引率

2.4.3.3　SCI收录高被引论文

论文发表后是否被引从另外一个方面体现出了论文本身的影响力和重要性，表2-94给出了从2002—2011年第一作者署名单位为东海所且被SCI收录的居于前5位的高被引论文。

表2-94　SCI收录的高被引论文

序号	作者	被引篇名	被引次数（次）
1	Liu, Y. G.; Bao, B. L.; Liu, L. X.; Wang, L.; Lin, H.	Isolation and characterization of polymorphic microsatellite loci from RAPD product in half-smooth tongue sole (Cynoglossus semilaevis) and a test of cross-species amplification	13
2	Zhuang, P.; Kynard, B.; Zhang, L.; Zhang, T.; Zhang, Z.; Li, D.	Overview of biology and aquaculture of Amur sturgeon (Acipenser schrenckii) in China	11
3	He, P. M.; Xu, S. N.; Zhang, H. Y.; Wen, S. S.; Dai, Y. J.; Lin, S. J.; Yarish, C.	Bioremediation efficiency in the removal of dissolved inorganic nutrients by the red seaweed, Porphyra yezoensis, cultivated in the open sea	11
4	Ma, L. B.; Zhang, F. Y.; Ma, C. Y.; Qiao, Z. G.	Scylla paramamosain (Estampador) the most common mud crab (Genus Scylla) in China: evidence from mtDNA	10
5	Quan, W. M.; Han, J. D.; Shen, A. L.; Ping, X. Y.; Qian, P. L.; Li, C. J.; Shi, L. Y.; Chen, Y. Q.	Uptake and distribution of N, P and heavy metals in three dominant salt marsh macrophytes from Yangtze River estuary, China	10

2.4.3.4　学科分布

论文的学科分布情况是指某一个单位或某一个人发表论文所归属的学科。不同的学科分布，体现不同研究机构的研究侧重点。具体如表2-95、图2-57，表2-96、图2-58所示。

表2-95　第一作者为东海所且被SCI收录论文学科分布

单位：篇

学科	A渔业资源保护与利用	B渔业生态环境	C水产生物技术	E水产病害防治	F水产养殖技术
分布篇数	6	35	44	3	30
学科	H水产品质量安全	P渔业工程与装备	Q渔业信息与战略	S其他	T水产品加工与产物资源利用技术
分布篇数	4	6	1	2	1

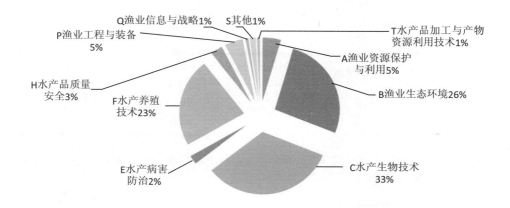

图2-57　第一作者为东海所且被SCI收录论文学科分布

表2-96　第一作者为东海所且被EI收录论文学科分布

学科	A渔业资源保护与利用	B渔业生态环境	P渔业工程与装备	Q渔业信息与发展战略	T水产加工与产物资源利用技术
文章数量（篇）	1	4	5	2	5

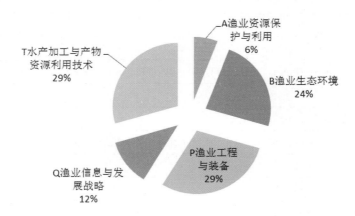

图2-58　第一作者为东海所且被EI收录论文学科分布

2.4.3.5　期刊分布

1）SCI期刊分布

经过对第一署名单位为东海所且被SCI收录论文进行分析发现，132篇论文分布在69种期刊里，相比较中文论文，外文论文的期刊分布比较零散。发文前6的期刊中共有论文48篇，占总数的36.36%。这些期刊构成了东海所外文主要来源期刊。具体期刊发文数量见表2-97。

表2-97　SCI期刊发文数量

单位：篇

期刊名称	ACTA OCEANOLOGICA SINICA	CHINESE JOURNAL OF OCEANOLOGY AND LIMNOLOGY	BIOCHEMICAL SYSTEMATICS AND ECOLOGY
发文数量	13	10	8
期刊名称	JOURNAL OF APPLIED ICHTHYOLOGY	ENVIRONMENTAL BIOLOGY OF FISHES	JOURNAL OF EXPERIMENTAL MARINE BIOLOGY AND ECOLOGY
发文数量	7	5	5

2）EI期刊分布

经过对第一署名单位为东海所且被EI收录论文进行分析发现，17篇论文分布在15种期刊里，相比较中文论文，EI论文的期刊分布比较零散。发文量居于前2位的期刊中共有论文4篇。具体期刊发文数量见表2-98。

表2-98　EI期刊发文数量

期刊	发文量（篇）
Cehui Xuebao/Acta Geodaetica et Cartographica Sinica	1
Dalian Ligong Daxue Xuebao/Journal of Dalian University of Technology	1
Ecological Engineering	1
Gaodianya Jishu/High Voltage Engineering	1
Gaofenzi Cailiao Kexue Yu Gongcheng/Polymeric Materials Science and Engineering	1
Gaojishu Tongxin/Chinese High Technology Letters	1
Hydrobiologia	1
Journal of Electrostatics	1
Marine Environmental Research	1
Nongye Gongcheng Xuebao/Transactions of the Chinese Society of Agricultural Engineering	2
Polymer Composites	1
Polymer Engineering and Science	1
Polymers and Polymer Composites	2
Rengong Jingti Xuebao/Journal of Synthetic Crystals	1
Zhongguo Huanjing Kexue/China Environmental Science	1

2.4.3.6 基金资助情况

东海所发表的SCI论文受到基金项目资助的主要来源见如表2-99。

表2-99 基金资助情况

基金项目	频次(次)
National non-profit institute	68
National Natural Science Foundation of China	37
National Basic Research Program of China	18
National High-Tech Research and Development Program of China	15
Commission of Science and Technology, Shanghai, China	14
National Key Technology RD Program	9
Ministry of Science & Technology of China	7
Ministry of Agriculture	6
China Postdoctoral Science Foundation	5
E-Institute of Shanghai Municipal Education Commission	5

2.4.3.7 著者情况

2002—2011年间,以东海所为第一署名单位的SCI发文量中排名前8的科研人员见表2-100,他们组成了东海所SCI科研论文的主力军。第一作者署名单位为东海所的EI论文主要贡献作者有9位,发文量具体见表2-101。

表2-100 SCI发文主要作者

作者	发文量(篇)
徐兆礼	12
马洪雨	9
马增岭	8
程起群	6
全为民	6
陈晓蕾	5
马春艳	5
赵 峰	5

表2-101   EI发文主要作者

作者	篇数（篇）
Chen, Xiaolei	6
Wang, Cui-Hua	3
Yang, Xianshi	3
Chao, Min	2
Cui, Xue-Sen	2
Quan, Wei-min	2
Guo, Quanyou	1
Liu, Yong	1
Shen, Xin-Qiang	1

2.4.3.8　会议论文

第一作者或者通讯作者署名单位为东海所的国际会议论文均为33篇。且各年度发文情况也完全相同，但这并不能说明相应年份以第一作者或通讯作者署名为东海所的发文内容也一致，仅是数量的重合。如表2-102所示。

表2-102   会议论文发文情况

年份	2003	2008	2009	2010	2011	2012
第一作者发文数量（篇）	1	2	2	10	12	6
通讯作者发文数量（篇）	1	2	2	10	12	6

2.4.4　小结

借助维普、CNKI、万方三大中文文献数据平台和web of science、EI两大索引数据平台，采用文献计量学方法，对东海所2001—2011年科技论文产出的整体情况进行了分析，结合分析结果提出以下几点建议。

（1）鼓励中青年科研人员多出成果，出好成果。科技论文的产出作为评价科研主体贡献的重要指标，已经得到广泛采用。从本研究结论来看，东海所硕博士科研人员是科技论文产出的重要群体，为了进一步提高东海所论文发表数量，并保持在较高位置，建议有关管理部门加强政策引导，鼓励硕博士科研人员多发表论文；加强需求调研，掌握硕博士科研人员的科研管理需求，提供更具针对性的支撑服务。

（2）提高SCI论文数量。从统计数据来看，东海所SCI论文逐年上升，但与中国水产科学研究院其他研究机构相比，在部分年份中，SCI论文的发文量仍有提高的空间，建议进一步加大人才引进力度，提高人才队伍规模，提高SCI论文发表数量；在重点学科领域，通过"中央级公益型科研院所基本科研专项"等经费支持，鼓励中青年科研人员发表高影响因子SCI论文。

（3）平衡不同学科论文发表数量。从对东海所论文发表的学科分析来看，其中发表中文期刊论文的研究领域主要集中在渔业资源保护与利用、渔业生态环境和水产养殖技术，SCI论文的研究领域主要集中在渔业生态环境、水产生物技术和水产养殖技术，这种结果与学科发展优势现状有所差异，建议鼓励渔业工程与装备、水产品质量安全和水产加工与产物资源利用技术等学科在科研项目研究过程中提炼科研成果，多发表论文，形成东海所论文发表新的学科来源。

2.5 黑龙江水产研究所科技论文产出深度分析

黑龙江水产研究所（以下简称"黑龙江所"）创建于1950年，前身为东北人民政府农业部哈尔滨水产试验场，是我国建立最早的淡水水产科研机构，隶属于农业部中国水产科学研究院。其主要任务是面向黑龙江流域和北方寒冷地区渔业生产，以北方主养鱼类和冷水性鱼类为主要研究对象，从事鱼类增养殖、遗传育种、水产生物技术、渔业资源和渔业环境保护方面的公益性、应用基础性研究工作。黑龙江所设有养殖研究室、遗传育种与生物技术研究室、资源研究室、环境研究室以及"农业部水产生物技术重点开放实验室"、"黑龙江省冷水性鱼类种质资源与增养殖技术实验室""中国水产科学研究院冷水性鱼类重点开放实验室""国家水生生物转基因检测与监测中心""黑龙江省冷水性鱼类遗传育种工程技术中心""农业部渔业环境及水产品质量监督检验测试中心""农业部黑龙江流域渔业生态环境监测中心"和"农业部黑龙江江流域渔业资源环境重点野外科学试验站"。黑龙江所的机构编制为230人，非营利机构编制80人。在职职工151人，劳务派遣人员70人，科学研究人员82人，从事科研工作的职工中，博士生16人，硕士生36人，本科生21人，本科及以上学历的科研人员占科研人员总数的89%。其中正高级职称16人，副高级职称17人，中级职称39人，初级及以下职称10人；有省部级突出贡献专家6名，获黑龙江省"五一"劳动奖章1名。享受政府特贴专家16名，院首席科学家1名；研究生导师17名。黑龙江所已经初步形成了以院首席科学家、学科带头人、优秀中青年科技人员及硕博士研究生组成的层次鲜明有创新性和凝聚力的科研团队。

黑龙江所先后承担了国家重点基础研究发展计划（973计划）、国家高技术研究发展计划（863计划）、国家自然科学基金、国家重点科技攻关、省部级等重大科研计划项目800余项，取得科研成果140余项，其中获得国家科技进步奖6项，省、部级科技进步奖69项。

科技论文产出是学科整体实力和水平的反映，通过分析科技论文产出情况，有助于了解黑龙江水产研究所在科研建设发展中的优势和劣势，从而更加客观地制定科研发展规划，在国内外竞争中立于不败之地。本文基于维普、CNKI、万方、web of science、EI五大数据平台，采用文献计量学方法，对黑龙江所科技论文产出的整体情况进行整理分析，以期对黑龙江所的科学研究和科研管理提供信息支撑。

2.5.1　中文期刊论文

2.5.1.1　发文数量

2001—2011年，黑龙江所在中文期刊上发表的论文共计1 080篇，其中第一作者或通讯作者的为964篇，占发文总数的89.3%。发文数量按年度分布情况如表2-103和图2-59，第一作者或通讯作者发文情况见表2-104和图2-60。可见，黑龙江所近10年来发文数量总体呈稳步上升趋势，近3年数量增长最为显著，其中2004年和2009年发文数呈现2次高峰，这与文章的数据积累以及发表周期都有关系。2001—2011年中文期刊科技论文年均增长率达10.9%。

表2-103　科技论文数量

年份	2001	2002	2003	2004	2005	2006	2007	2008	2009	2010	2011
发文量（篇）	34	64	69	104	76	101	108	98	149	132	145

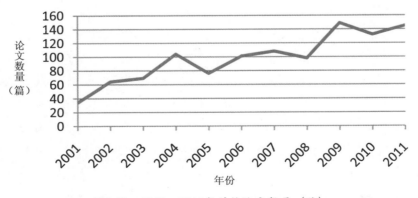

图2-59　2001—2011年科技论文数量（篇）

<h3 style="text-align:center">表2-104　第一作者或通讯作者的科技论文数量</h3>

年份	2001	2002	2003	2004	2005	2006	2007	2008	2009	2010	2011
发文量（篇）	34	51	68	89	71	91	93	82	139	113	133

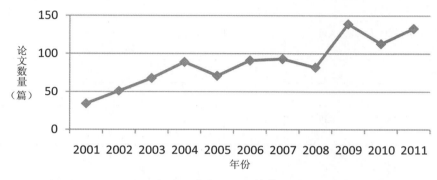

图2-60　2001—2011年第一作者或通讯作者的科技论文数量（篇）

　　为分析黑龙江所科研人员情况与发表论文数量之间的关系，对近5年科研人员的学历与专业技术职称情况进行了统计，从表2-105可以看出，2005—2011年，中高级职称人数基本保持稳定，但硕、博士数量逐年显著升高，硕、博士总量与科技论文数量相关系数为0.81，即黑龙江所科研人员的学历层次与其2005—2011年论文的增势达到高度相关。

<h3 style="text-align:center">表2-105　科研人员基本情况</h3>

单位：人

年份	2011	2010	2009	2008	2007	2006	2005	2004	2003	2002	2001
硕士数量	36	33	30	29	22	19	12		13	10	
博士数量	16	11	7	6	9	7	5				
高级职称数量	33	31	31	31	40	40	42		34	27	
中级职称数量	39	36	41	40	38	35	31		31	34	

2.5.1.2　发发文期刊

　　经整合和去重后的1 080篇中文文献，分布于131种期刊。根据维普与CNKI的期刊分类，水产渔业类期刊共有31种，其中核心期刊16种，发表于水产渔业类期刊的论文数量为721篇，占发文总量的66.8%，其中核心期刊发文量为646篇，核心期刊发文率为59.8%。

　　发文数量排名前10位的12种期刊共发表文献752篇，占论文总量的69.6%，这12种期刊也构成了黑龙江所科研的核心情报来源，期刊名称及发文数量如表2-106。

表2-106　期刊发文数量

单位：篇

期刊名称	发文数量	期刊名称	发文数量
水产学杂志	312	东北农业大学学报	28
中国水产科学	92	饲料工业	20
大连海洋大学学报（原名 大连水产学院学报）	68	水生生物学报	20
黑龙江水产	57	遗传	20
水产学报	49	东北林业大学学报	19
上海海洋大学学报（原名 上海水产大学学报）	48	科学养鱼	19

2.5.1.3　学科分析

黑龙江所将重点建设领域分为10大学科，分析10大学科的发文量可以从一个侧面反映学科的发展现状。将黑龙江所发表的中文科技论文（第一作者和通讯作者）按10大学科进行标引，得到2000—2011年科技论文在10大学科的分布，如图2-61和表2-107。所占比例最高的是渔业信息与发展战略，占40.59%，其次是水产遗传育种，占12.21%，渔业资源保护利用和水产品质量安全分别占8.91%。

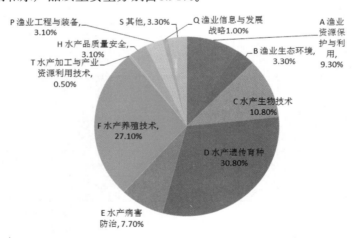

图2-61　黑龙江所学科论文分布

表2-107　黑龙江所10大学科论文分布比例

学科	比例（%）
渔业资源保护与利用	9.3
渔业生态环境	3.3

学科	比例（%）
水产生物技术	10.8
水产遗传育种	30.8
水产病害防治	7.7
水产养殖技术	27.1
水产加工与产业资源利用技术	0.5
水产品质量安全	3.1
渔业工程与装备	3.1
渔业信息与发展战略	1.0
其他	3.3

2.5.1.4　关键词

关键词是科技论文题录信息中最能概括文献主题的词汇，因此，对关键词进行分析，可以挖掘黑龙江所科学研究的优势领域及科研人员关注的热点问题。2001—2011年，黑龙江所发表的中文期刊论文共涉及关键词3 797个，不同关键词1 697个，其中排名前20位的关键词，见表2-108。研究热点主要集中在以哲罗鱼、鲤鱼、鲟鱼和虹鳟为代表的水产动物的水产生物技术、遗传育种、水产养殖等方面。

表2-108　关键词数量

关键词	词频（次）	关键词	词频（次）
微卫星	83	黑龙江	24
生长	54	人工繁殖	22
哲罗鱼	53	镜鲤	21
鲤	52	细鳞鱼	21
鲤鱼	51	染色体	20
遗传多样性	50	同工酶	19
虹鳟	43	遗传结构	18
施氏鲟	30	肌肉	17
史氏鲟	26	生长性能	17
微卫星标记	25	哲罗鲑	17

为进行比较分析，将2001—2011年分为早期、中期、近期3个时间段，分别为

2001—2004年、2005—2008年、2009—2011年，分别统计各时间段内排名前10的关键词分布情况。由表2-109可以看出，各时期内的研究重点与热点既存在共性也有所变化，遗传育种和水产养殖是黑龙江所科研人员始终关注的问题，前期和中期对遗传育种和养殖关注程度尤高。后期开始出现较多关于生物技术尤其是基因组方面的研究且研究热度呈上升趋势。鲤鱼基因组研究及分子育种在近期才成为科研人员关注的热点，早中期研究文献较少涉及。此分析结果也与黑龙江所的机构设置和学科发展情况比较吻合。

表2-109 分阶段关键词数量

单位：个

2001—2004年		2005—2008年		2009—2011年	
生长	16	微卫星	44	微卫星	37
鲤鱼	14	虹鳟	22	鲤	27
鲤	14	遗传多样性	22	哲罗鱼	26
黑龙江	13	哲罗鱼	19	遗传多样性	23
施氏鲟	10	鲤鱼	18	生长	20
人工繁殖	9	生长	18	虹鳟	19
哲罗鱼	8	施氏鲟	12	鲤鱼	19
渔业生物学	8	史氏鲟	12	微卫星标记	14
史氏鲟	8	磁珠富集	11	镜鲤	13
喹乙醇	7	鲤	11	细鳞鱼	13
大西洋鲑	7	同工酶	11	哲罗鲑	13
中草药	6	雌核发育	8	AFLP	10

2.5.1.5 著者情况

1）高产作者分析

通过第一作者发文数量，可以分析黑龙江所的高产作者，方便对科研人员进行评价。黑龙江所共有111名科研人员发表过第一作者署名的科技论文，发文量排名前10的科研人员见表2-110，他们在不同领域组成黑龙江所科研的核心力量。

表2-110 高产的作者

第一作者	发文量（篇）	通讯作者	发文量（篇）
徐奇友	24	孙效文	119
姜作发	22	梁利群	40

第一作者	发文量（篇）	通讯作者	发文量（篇）
关海红	20	徐奇友	39
闫学春	18	姜作发	30
王昭明	18	牟振波	29
尹洪滨	17	尹家胜	26
徐伟	17	卢彤岩	26
徐革锋	15	石连玉	23
孙效文	15	蔺玉华	17
蔺玉华	15	孙大江	15

2）著者合作情况

科技论文著者的合作情况是指一篇科技论文有多少位科技人员参加研究工作，一般来说一篇文章著者人数越多其著者合作度越高。论文合作情况越高，一方面表明论文研究的技术难度和实用性、实验性越强，需要合作完成的必要性越大；另一方面说明科研人员更加注重研究过程中的交流与合作。一般可以通过合作率和合作度两个指标进行计算。合作率=合作论文数/论文总数。2001—2011年间，黑龙江所发表的1 080篇科技论文中，独立作者的为53篇，合作率为0.95。早期（2001—2004年）、中期（2005—2008年）、近期（2009—2011年）的合作度见表2-111。

表2-111　合作度

时期	早期	中期	近期
合作度	0.904	0.977	0.958

合作度=作者总数/科技论文总数。黑龙江所著者合作度为4.24。早期（2001—2004年）、中期（2005—2008年）、近期（2009—2011年）的平均合作度见表2-112。合作率和合作度两项指标10年间均呈现上升趋势，科研人员之间的协作不断加强。

表2-112　平均合作度

时期	早期	中期	近期
平均合作度	3.76	4.19	4.59

2.5.1.6　基金资助情况

基金资助对于科学研究，尤其对于重大课题的研究极为重要。黑龙江所10年间受到项目资助的论文为710篇，涉及项目430项，项目类别118种（表2-113）。其中，中央级公益性科研院所基本科研业务费专项资助频次最高达231次，国家重大基础研究973项目和黑龙江省科技公关项目分别位于第二和第三位（表2-114）。其中单项基金项目发表文章数量最多的是国家重大基础研究（973）项目（2004CB117405）达到82篇。

表2-113　单项基金项目资助情况

项目	频次（次）
国家重大基础研究（973）项目（2004CB117405）	82
黑龙江省科技攻关项目（GC03B511）	23
农业公益性行业科研专项（200803013）	20
国家十一五科技支撑项目（2006BAD03B08）	20
国家科技基础条件平台建设（2004DKA30470-005）	19
农业部948引进项目（963086）	17
科技部十五攻关计划项目（2001BA505B0506）	17
国家公益性行业科研专项（2008326001）	17
国家863计划项目（863-101-05-02-01）	17
现代农业产业技术体系建设专项（Nvcvtx-49-10）	16

表2-114　基金资助类别排名情况

项目	频次（次）
中央级公益性科研院所基本科研业务费专项	231
国家重大基础研究973项目	95
黑龙江省科技公关项目	91
国家公益性行业科研专项	57
国家863项目	47
黑龙江自然科学基金项目	35
国家科技支撑项目	31
中国水产科学研究院基金项目	29
农业部948引进项目	29
国家十五科技攻关项目	28
现代农业产业技术体系建设资金	28

2001—2011年，受资助论文数量及资助比率如表2-115，受资助率在2001年为41%，2002年、2003年有所回落，2004年开始逐年上升，2010年达到了92%。

表2-115　论文受资助率

年份	2001	2002	2003	2004	2005	2006	2007	2008	2009	2010	2011
受资助论文数（篇）	14	8	37	46	50	68	72	66	123	104	122
论文总数（篇）	34	51	68	89	71	91	93	82	139	113	133
受资助率	41%	16%	27%	54%	71%	75%	77%	80%	88%	92%	92%

2.5.1.7　引文分析

由于引文分析存在相对的滞后性，因此仅对2001—2010年的引文进行分析。2001—2010年间，黑龙江所第一作者或通讯作者发表论文总数为831篇，总被引次数5 344次，发文数量、被引次数及平均被引率年度分布见表2-116。平均被引率年度变化趋势见图2-62。

表2-116　科技论文被引用情况

年份	2001	2002	2003	2004	2005	2006	2007	2008	2009	2010
发文量（篇）	34	51	68	89	71	91	93	82	139	113
被引次数（次）	358	276	657	768	684	802	640	449	541	169
平均被引率	10.53	5.41	9.66	8.62	9.63	8.81	6.88	5.48	3.89	1.50

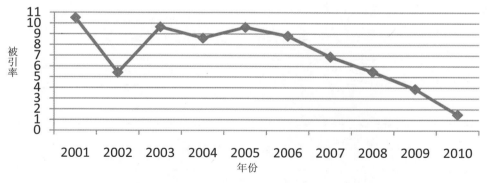

图2-62　2001—2010年科技论文平均被引率

可以看出，10年间，平均被引率基本保持在5～10的水平，2001年被引率最高达到10.53，2003年和2005年又达到两次小高峰，2005年以后平均被引率逐年急剧下降，估计与科技文章大幅出现、文章的水平下降及引文分析的滞后性等诸多因素有关。

2.5.2　会议论文

2.5.2.1　文献数量

会议论文就是在会议等正式场合宣读首次发表的论文，属于公开发表的论文，一般正式的学术交流会议都会出版会议论文集，会议论文数量一方面与期刊论文一样反映作者学术水平，另一方面也表现出论文作者与学术界交流的紧密程度。

2001—2011年，黑龙江所发表中文会议论文共计69篇，第一作者发文51篇，占发文总数的73.9%。按年度分布情况分别见表2-117和表2-118。论文数量波动较大，在2004年出现一个小波峰后，2008年论文数量达到最高峰。外文会议论文3篇。

表2-117　中文会议论文数量

年份	2001	2002	2003	2004	2005	2006	2007	2008	2009	2010	2011
发文量（篇）	3	0	4	8	6	2	6	22	5	1	12

表2-118　第一作者中文会议论文数量

年份	2001	2002	2003	2004	2005	2006	2007	2008	2009	2010	2011
发文量（篇）	3	0	3	8	4	1	5	18	2	1	6

2.5.2.2　论文来源

第一作者发表的会议文献，来自于20个种类的会议，15个主办单位。频次排名前5位的会议及主办单位，见表2-119和表2-120。中国水产学会及其主办的中国水产学会年会成为会议文献的最主要的来源。

表2-119　主办单位

主办单位	中国水产学会	中国鱼类学会	中国水产科学研究院	中国畜牧兽医学会	中国环境科学学会
频次（次）	24	7	4	4	3

表2-120　发文会议

会　议	频次（次）
中国水产学会学术年会	18
中国鱼类学会学术研讨会	7
中国水产学会学术年会暨水产微生态调控技术论坛	4

续表2-120

会 议	频次（次）
水产科技论坛	4
中国毒理学会第四届全国学术会议	2
中国畜牧兽医学会动物营养学分会第八届全国会员代表大会暨第十次动物营养学术研讨会	2

2.5.3 SCI及EI论文数量

SCI和EI所收录的科技期刊与论文集中了世界上基础学科和工程学科高质量优秀论文的精粹。近年，黑龙江所SCI和EI论文产出水平都比较低，2003年之前黑龙江所未有SCI论文发表，2004年和2007年SCI论文数量1～4篇之间变化，2008年开始论文量陡然升高达到9篇，其中第一作者4篇，主要由生物技术室的科研人员和学生发表8篇（表2-121，图2-63）。其中，孙效文发表的关于鲤鱼遗传连锁图谱的构建和抗寒相关基因的定位的文献被引用33次，较黑龙江所发表的其他SCI论文具有更高的学术影响力。EI论文共5篇，2005、2008、2011年分别为1篇、1篇、3篇，其中第一作者发文仅为4篇。可见，黑龙江所外文科技论文产出量均较低，为增强黑龙江所的科研竞争力、提高国际影响力应该更加关注此类论文的撰写和发表（表2-122，图2-64）。

表2-121 SCI和EI收录论文数量

年份	2002	2003	2004	2005	2006	2007	2008	2009	2010	2011
SCI收录（篇）	0	0	3	1	4	3	9	12	10	13
EI收录（篇）	0	0	0	1	0	0	1	0	0	3

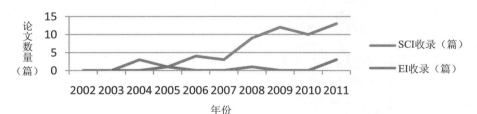

图2-63　2002—2011年SCI和EI收录论文数量

表2-122 第一作者或通讯作者为黑龙江所被SCI和EI收录论文数量

年份	2002	2003	2004	2005	2006	2007	2008	2009	2010	2011
SCI收录（篇）	0	0	1	0	4	3	9	11	9	13
EI收录（篇）	0	0	0	1	0	0	1	0	0	3

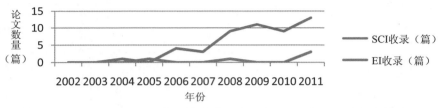

图2-64　2002—2011年第一作者为黑龙江所被SCI和EI收录论文数量

2.5.3.1　SCI收录论文被引次数

在这里，论文被引次数是指某一篇文章被其他论文引用的次数。被引次数可反映一个科研机构学术研究成果的影响力。论文被引频次越高，表明该机构受关注程度越高。而SCI收录论文被引次数更是显示了高质量论文的学术影响力和受关注程度。从整体被引次数上来看，2002—2011年间，黑龙江所被SCI收录的论文篇，被引次数为120次（表2-123，图2-65）。其中，第一作者为黑龙江所被SCI收录的论文为50篇，被引次数为101次。

表2-123　SCI收录论文被引次数

年份	2002	2003	2004	2005	2006	2007	2008	2009	2010	2011
被引次数（次）	0	0	45	7	15	3	25	8	7	10

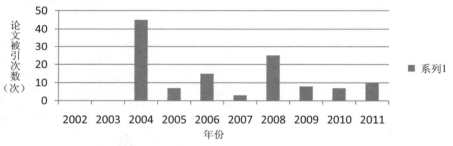

图2-65　2002—2011年SCI收录论文被引次数

从表2-124和图2-66可以看出，黑龙江所10年间，第一作者为黑龙江所被SCI收录论文篇均被引频次在2004年达到最高值。从数值上看，自2008年起，篇均被引率波动下降，这与论文发表年度距今比较近、引文分析自身缺陷等有关系。

表2-124　第一作者为黑龙江所被SCI收录论文篇均被引率

年份	2002	2003	2004	2005	2006	2007	2008	2009	2010	2011
论文数量（篇）	0	0	1	0	4	3	9	11	9	13
被引次数（次）	0	0	35	0	15	3	25	8	5	10
篇均被引率	0	0	35	0	3.75	1	2.78	0.73	0.56	0.77

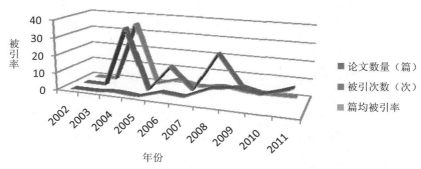

图2-66　2002—2011年第一作者为黑龙江所被SCI收录论文篇均被引率

2.5.3.2　SCI收录高被引论文

论文发表后是否被引从另外一个方面体现出了论文本身的影响力和重要性，表2-125给出了从前5篇2002—2011年第一作者为黑龙江所被SCI收录的高被引论文（剔除了非水产专业论文）。其中孙效文研究员鲤鱼遗传连锁图谱构建方面的论文被引33次，较其他论文更有影响力。

表2-125　SCI收录的高被引论文

序号	作者	被引篇名	被引次数（次）
1	Sun, X. W.; Liang, L. Q.	A genetic linkage map of common carp (Cyprinus carpio L.) And mapping of a locus associated with cold tolerance	33
2	Zhang, Y.; Liang, L. Q.; Jiang, P.; Li, D. Y.; Lu, C. Y.; Sun, X. W.	Genome evolution trend of common carp (Cyprinus carpio L.) as revealed by the analysis of microsatellite loci in a gynogentic family	8
3	Chang, Y. M.; Liang, L. Q.; Li, S. W.; Ma, H. T.; He, J. G.; Sun, X. W.	A set of new microsatellite loci isolated from Chinese mitten crab, Eriocheir sinensis	7
4	Chang, Y. M.; Liang, L. Q.; Ma, H. T.; He, J. G.; Sun, X. M.	Microsatellite analysis of genetic diversity and population structure of Chinese mitten crab (Eriocheir sinensis)	6
5	Tong, G. X.; Kuang, Y. Y.; Yin, J. S.; Liang, L. Q.; Sun, X. W.		5

2.5.3.3　学科分布

论文的学科分布情况是指某一个单位或某一个人发表论文所归属的学科。不同的学科分布，体现不同研究机构的研究侧重点。通过表2-126可以看出，黑龙江所外文论文的研究重点在水产生物技术和水产遗传育种两个方面。其中，在SCI和EI收录论文中，水产加工与产物资源利用、渔业生态环境、渔业信息与发展战略方面的论文数量为0。在第一作者为黑龙江所SCI和EI收录论文中，水产加工与产物资源利用技术和水产品质量安全方面的论文数量为0。

表2-126 SCI和EI收录论文学科分布

单位：篇

学　科	分布篇数	学　科	分布篇数
渔业资源保护与利用	3	水产养殖技术	6
渔业生态环境	0	水产品质量安全	4
水产生物技术	13	渔业工程与装备	2
水产遗传育种	26	渔业信息与发展战略	0
水产病害防治	1	水产加工与产物资源	0

2.6　长江水产研究所科技论文产出深度分析

科技论文是衡量科研机构投入产出的重要标准之一，分析论文产出情况，有助于了解科研机构基本业务中的优势和劣势，从而利于制定和调整科研发展规划，提升机构综合竞争力。国内偶有各科研机构阶段统计本单位科研论文，综合分析论文数量变化、核心论文比、论文学科产出及高产作者等的报道。中国水产科学研究院长江水产研究所(以下简称长江所)是我国水产科学重点研究机构之一，主要开展水产种质资源保存与遗传育种、濒危水生动物保护、渔业资源调查评估与水域生态环境监测保护、水产养殖基础生物学与养殖技术、鱼类营养与病害防治、水产品质量标准与检测等领域的应用基础和应用技术研究。要了解长江所近年来在这些领域所做工作的相关情况，可从科技论文产出的统计分析中得到。为把握长江所近年来的论文产出情况，笔者对长江所2001—2011年发表的中文期刊论文和被SCI收录的论文及其被引用情况进行了统计分析，初步揭示了该所科研现状和综合实力，可为今后深化科学研究和加强科研管理提供参考。

2.6.1　中文期刊收录论文

2.6.1.1　发文数量

2001—2011年，长江所在中文期刊上发表的论文共计632篇，其中第一作者或通讯作者的为486篇，占发文总数的76%。发文数量按年度分布情况如表2-127和图2-67，第一作者或通讯作者发文情况见表2-128和图2-68。可见，长江所近10年来发文数量总体呈稳步上升趋势，2010年有一定幅度的下降，而2011年再次大幅增长，并达到最大发文量。

表2-127　科技论文数量

年份	2001	2002	2003	2004	2005	2006	2007	2008	2009	2010	2011
发文量（篇）	21	35	32	42	58	66	81	75	79	59	84

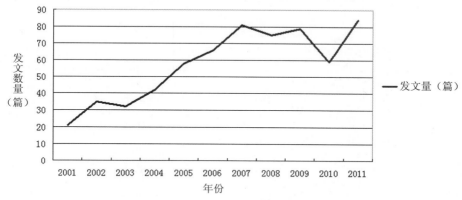

图2-67　2001—2011年科技论文数量

表2-128　第一作者或通讯作者的科技论文数量

年份	2001	2002	2003	2004	2005	2006	2007	2008	2009	2010	2011
发文量（篇）	16	30	29	34	48	57	57	53	57	47	58

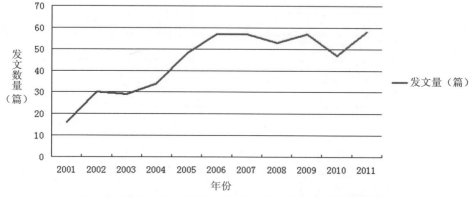

图2-68　2001—2011年第一作者或通讯作者的科技论文数量

　　为分析长江所科研人员情况与发表论文数量之间的关系，对近5年科研人员的学历与专业技术职称情况进行了统计，由表2-129可以看出，2006—2010年，中高级职称人数基本保持稳定，2011年升高幅度较大。2006—2011年硕、博士人数逐年显著升高，硕士、博士总量与科技论文数量相关系数为0.97，即长江所科研人员的学历层次与其2006—2011年论文的增势高度相关。

表2-129　2006—2010年科研人员情况与发文数量的关系

单位：篇

学历与职称	2011年	2010年	2009年	2008年	2007年	2006年
硕士	38	34	44	29	27	20
博士	20	15	13	10	10	5
高级职称	39	39	35	33	31	28
中级职称	63	54	43	36	33	35

2.6.1.2　发文期刊

分析整合和去重后的486篇中文文献，发现这些文献分布于140种期刊。根据维普与CNKI的期刊分类，水产渔业类期刊共有70种，核心期刊19种，长江所发表于水产渔业类期刊的论文数量为452篇，占发文总量的93%，其中核心期刊发文量为338篇，核心期刊发文率为69%。

发文数量排名前10位的10种期刊共发表论文351篇，占论文总量的72%，这10种期刊构成了长江所科研的核心情报来源，期刊名称及发文数量如表2-130。

表2-130　排名前10位期刊发文数量

单位：篇

期刊名称	淡水渔业	中国水产科学	水生生物学报	长江大学学报
发文数量	133	50	38	26
期刊名称	水产学报	水利渔业	华中农业大学学报	科学养鱼
发文数量	25	21	20	17
期刊名称	水生态学杂志	湖北农业科学		
发文数量	11	10		

2.6.1.3　学科分析

水科院将重点建设领域分为10大学科，分析10大学科的发文量可以从一个侧面反映学科的发展现状。将长江所发表的中文科技论文（第一作者和通讯作者）按10大学科进行标引，得到2000—2011年长江所科技论文在10大学科的分布，如表2-131和图2-69。所占比例最高的是水产养殖技术，占25.93%，其次是水产遗传育种，占12.76%，水产加工与产业资源利用技术和渔业信息与发展战略分别仅占3.09%。

表2-131　长江所10大学科论文分布比率

学科	渔业资源保护与利用	渔业生态环境	水产生物技术	水产遗传育种
比例	7.82%	9.26%	12.14%	12.76%

续表2-131

学科	水产病害防治	水产养殖技术	水产加工与产业资源利用技术	水产品质量安全
比例	9.88%	25.93%	3.09%	7.20%
学科	渔业工程与装备	渔业信息与发展战略	其他	
比例	3.29%	3.09%	5.54%	

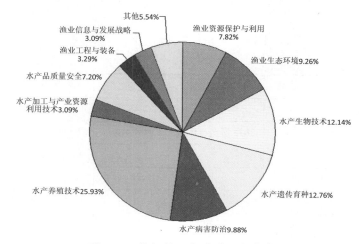

图2-69　长江所10大学科论文分布

2.6.1.4　关键词

关键词是科技论文题录信息中最能概括文献主题的词汇，因此，对关键词进行分析，可以挖掘长江所科学研究的优势领域及科研人员关注的热点问题。2001—2011年，长江所发表的中文期刊论文共涉及关键词2 495个，不同关键词1 471个，其中排名前20位的关键词，见表2-132。研究热点主要集中在以中华鲟和草鱼为代表的水产动物、鱼类生长特性、长江水域特点及渔业资源状况等。

表2-132　关键词出现的频次

单位：次

关键词	中华鲟	草鱼	生长	遗传多样性	长江
词频	51	39	37	28	19
关键词	水产品	转铁蛋白	鱼类	微卫星	鲢
词频	14	12	12	11	11
关键词	嗜水气单胞菌	残留量	人工湿地	日本鳗鲡	同工酶
词频	10	10	9	9	9
关键词	四大家鱼	大口鲶	青海湖裸鲤	生长性能	鱼
词频	9	9	8	8	8

为了进行比较分析，将2001—2011年分为早期（2001—2004年）、中期（2005—2008年）、近期（2009—2011年）3个时间段，分别统计各时间段内排名前10的关键词分布情况。由表2-133可以看出，各时期内的研究重点与热点既存在共性也有所变化，水产品和水产养殖是长江所研人员始终关注的问题，前期和中期对中华鲟关注程度尤高，近期略有下降。中期开始出现比较多关于草鱼的研究且研究热度呈上升趋势，早期研究文献较少涉及。此分析结果也与长江所的机构设置和学科发展情况比较吻合。

表2-133　分阶段关键词出现的频次

单位：次

2001—2004年	长江	中华鲟	遗传多样性	大口鲶	草鱼	RAPD
	8	6	6	5	5	5
	四大家鱼	鲫	转铁蛋白cDNA	序列分析	显微注射	史氏鲟
	4	4	3	3	3	3
2005—2008年	中华鲟	草鱼	生长	β-雌二醇	遗传多样性	转铁蛋白
	38	22	18	17	14	8
	大口鲶	长江	白缘(鱼央)	鱼类	水产品	人工繁殖
	8	8	8	7	7	7
2009—2011年	草鱼	生长	中华鲟	斑点叉尾	遗传多样性	嗜水气单胞菌
	20	16	12	11	8	8
	微卫星	同工酶	水产品	日本鳗鲡	人工湿地	多西环素
	7	5	5	5	5	5

2.6.1.5　著者情况

1）高产作者分析

通过第一作者发文数量，分析长江所的高产作者，方便对科研人员进行评价。长江所共有113名科研人员发表过第一作者署名的科技论文，发文量排名前10的科研人员见表2-134，他们在不同领域组成长江所科研的核心力量。

表2-134　高产作者发文情况

单位：篇

作者	危起伟	陈大庆	龙华	文华	邹桂伟
发文数	78	65	58	52	50
作者	刘绍平	艾晓辉	汪登强	杨德国	陈细华
发文数	47	44	40	34	34

2）著者合作情况

科技论文著者的合作情况是指一篇科技论文有多少位科技人员参加研究工作，一般来说一篇文章著者人数越多其著者合作度越高。论文合作情况越高，一方面表明论文研究的技术难度和实用性、实验性越强，需要合作完成的必要性越大；另一方面说明科研人员更加注重研究过程中的交流与合作。一般可以通过合作率和合作度两个指标进行计算。合作率=合作论文数/论文总数。2001—2011年间，长江所发表的632篇科技论文中，独立作者的为57篇，合作率为0.91。早期、中期、近期的平均合作度见表2-135。

表2-135　合作率

时期	早期	中期	近期
合作率	0.815 385	0.942 857	0.923 423

合作度=作者总数/科技论文总数。长江所著者合作度为4.56。早期（2001—2004年）、中期（2005—2008年）、近期（2009—2011年）的平均合作度见表2-136合作率和合作度两项指标10年间均呈现上升趋势，科研人员之间的协作不断加强。

表2-136　平均合作度

时期	早期	中期	近期
平均合作度	3.58	4.69	4.95

2.6.1.6　基金资助情况

所谓科学基金即通过科技拨款，对科学研究进行有针对性的资助，近年来科学基金对科学研究的资助已经成为各个国家科技发展的主要推动力之一。长江所10年间受到项目资助的论文为494篇，涉及项目164项，项目类别76种。资助频次大于5次的共9类，如表2-137。其中，国家自然科学基金资助频次最高达93次，中国水产科学研究院基金和中央级公益性科研院所基本科研业务项目分别位于第二和第三位。

表2-137　基金资助情况

项目	频次（次）
国家自然科学基金	93
中国水产科学研究院基金	76
中央级公益性科研院所基本科研业务项目	41
国家973计划项目	31
公益性行业(农业)科研专项	31

续表2-137

项目	频次（次）
国家"十一五"计划项目	29
国家"十五"计划项目	29
国务院三峡办重点项目	24
国家科技支撑计划项目	22

2001—2011年，受资助论文数量及资助比率如表2-138，受资助率在2005年首次出现较大增幅，而后在10%左右小幅波动，2008年论文受资助率跌落至78%，但2011年又涨至89%。

表2-138　论文受资助率

项目	2001年	2002年	2003年	2004年	2005年	2006年	2007年	2008年	2009年	2010年	2011年
受资助论文数（篇）	10	19	18	25	50	54	69	59	65	50	75
论文总数（篇）	21	35	32	42	58	66	81	75	79	59	84
受资助率	47%	54%	56%	59%	86%	81%	85%	78%	82%	84%	89%

2.6.1.7　引文分析

由于引文分析存在相对的滞后性，因此仅对2001—2010年的引文进行分析。2001—2010年间，长江所第一作者或通讯作者发表论文总数为428篇，总被引次数3 148次，发文数量、被引数量及平均被引率年度分布见表2-139。平均被引率年度变化趋势见图2-70。

表2-139　科技论文被引用情况

指标	2001年	2002年	2003年	2004年	2005年	2006年	2007年	2008年	2009年	2010年
发文量（篇）	16	30	29	34	48	57	57	53	57	47
被引次数（次）	64	137	96	114	193	219	228	303	272	267
平均被引率	4.0	4.6	3.3	3.4	4.1	3.8	4.0	5.7	4.8	5.7

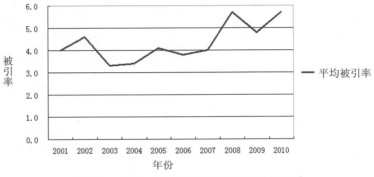

图2-70　2001—2010年科技论文平均被引率

可以看出，10年间，平均被引率基本在3.0~6.0的水平，在2008年达到峰值。从数值上看，2003年与2004年平均被引率急剧下降，说明当时长江所科研重点及发表的学术文章未能聚焦于学术热点领域。

2.6.2　SCI和EI收录论文

2.6.2.1　发文数量

2002—2011年，在长江所科研人员参与发表的外文中，被SCI收录的论文有146篇，被EI收录的论文有27篇，同时被SCI和EI收录的论文有10篇。第一作者为长江所被SCI和EI收录的论文有93篇，占收录论文总数的42.94%。通过表2-140和图2-71、表2-141和图2-72可以看出，近年来，长江所被EI和SCI收录的论文数量呈增长趋势，同时，经过一段时期的回落，长江所近3年来第一作者为长江所、被SCI和EI收录的论文也逐年增长。

表2-140　SCI和EI收录论文数量

年份	2002	2003	2004	2005	2006	2007	2008	2009	2010	2011
SCI收录（篇）	6	4	7	2	8	9	10	21	28	51
EI收录（篇）	0	0	7	0	0	3	2	2	2	11

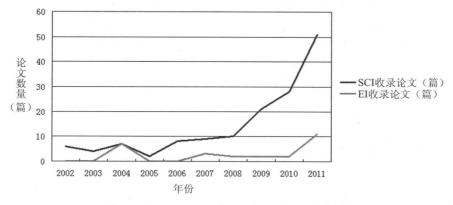

图2-71　2002—2011年SCI和EI收录论文数量

表2-141　第一作者为长江所被SCI和EI收录论文数量

年份	2002	2003	2004	2005	2006	2007	2008	2009	2010	2011
SCI收录（篇）	2	0	4	1	5	4	4	12	23	25
EI收录（篇）	0	0	4	0	0	1	1	0	1	6

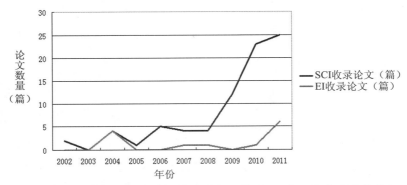

图2-72　2002—2011年第一作者为长江所被SCI和EI收录论文数量

2.6.2.2　SCI收录论文被引次数

论文被引次数是指某一篇文章被其他论文引用的次数。被引次数可以反映一个科研机构学术研究成果的影响力。论文被引频次越高，表明该机构受关注程度越高。而SCI收录论文被引次数更显示了高质量论文的学术影响力和受关注程度。从整体被引次数上来看（表2-142，图2-73），2002—2011年，长江所被SCI和EI收录的论文，被引次数为659次。其中，第一作者为长江所被SCI和EI收录的论文为93篇，被引次数为381次（表2-143，图2-74）。

表2-142　SCI收录论文被引次数

年份	2002	2003	2004	2005	2006	2007	2008	2009	2010	2011
被引次数（次）	92	31	111	15	22	93	39	88	105	63

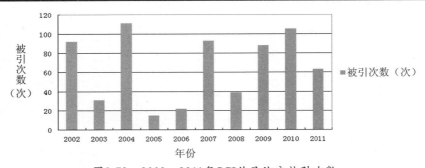

图2-73　2002—2011年SCI收录论文被引次数

表2-143　第一作者为长江所被SCI收录论文篇均被引率

年份	2002	2003	2004	2005	2006	2007	2008	2009	2010	2011
论文数量（篇）	2	0	4	1	5	4	4	12	23	25
被引次数（次）	27	0	95	9	10	43	13	49	99	36
篇均被引率	13.5	0	23.75	9	2	10.75	3.25	4.08	4.30	1.44

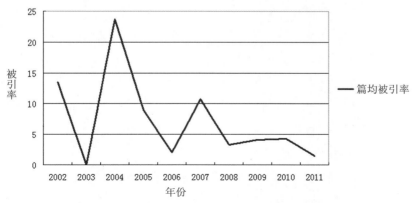

图2-74　2002—2011年第一作者为长江所被SCI收录论文篇均被引率

从以上表2-142和图2-73可以看出，长江所10年间，第一作者为长江所被SCI和EI收录论文篇均被引频次保持在7次左右，在2004年达到最高值。从数值上看，自2008年起，篇均被引率波动下降，这与论文发表年度距今比较近、引文分析自身缺陷等有关系。

2.6.2.3　SCI收录高被引论文

论文发表后是否被引从另外一个方面体现出了论文本身的影响力和重要性，表2-144给出了前5篇2002—2011年第一作者为长江所、被SCI收录的高被引论文(剔除了非水产专业论文)。其中长江所危起伟研究员在中华鲟方面的两篇论文分别被引25次和19次，较其他论文更有影响力。

表2-144　SCI收录的高被引论文

序号	作者	被引篇名	被引次数（次）
1	Wan Y; Wei Q W; Hu J Y; Jin X H; Zhang Z B; Zhen H J; Liu J Y	Levels, tissue distribution, and age-related accumulation of synthetic musk fragrances in Chinese sturgeon (Acipenser sinensis): Comparison to organochlorines	25
2	Wei Q; He J; Yang D; Zheng W; Li L	Status of sturgeon aquaculture and sturgeon trade in China: a review based on two recent nationwide surveys	19
3	Zhuang P; Kynard B; Zhang L Z; Zhang T; Cao W X	Ontogenetic behavior and migration of Chinese sturgeon, Acipenser sinensis	16
4	Li Z H; Xie S; Wang J X; Sales J; Li P; Chen D Q	Effect of intermittent starvation on growth and some antioxidant indexes of Macrobrachium nipponense (De Haan)	16
5	Li Z H; Zlabek V; Grabic R; Li P; Machova J; Velisek J; Randak T	Effects of exposure to sublethal propiconazole on the antioxidant defense system and Na+-K+-ATPase activity in brain of rainbow trout, Oncorhynchus mykiss	15

2.6.2.4 学科分布

论文的学科分布情况是指某一个单位或某一个人发表论文所归属的学科。不同的学科分布，体现不同研究机构的研究侧重点。通过表2-145、图2-75、表2-146和图2-76，可以看出，长江所外文论文的研究重点在渔业资源保护和利用、渔业生态环境、水产生物技术等方面。其中，在SCI和EI收录论文中，水产加工与产物资源利用技术方面的论文数量为0。在第一作者为长江所SCI和EI收录论文中，水产加工与产物资源利用技术和水产品质量安全方面的论文数量为0。

表2-145　SCI和EI收录论文学科分布

单位：篇

学科	渔业资源保护与利用	渔业生态环境	水产生物技术	水产遗传育种	水产病害防治
分布篇数	18	24	49	11	15
学科	水产养殖技术	水产品质量安全	渔业工程与装备	渔业信息与发展战略	其他（行政管理、综述等）
分布篇数	20	1	3	6	27

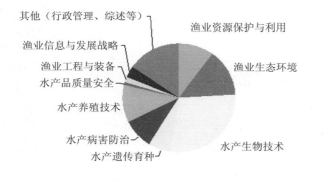

图2-75　SCI和EI收录论文学科分布

表2-146　第一作者为长江所SCI和EI收录论文学科分布

单位：篇

学科	渔业资源保护与利用	渔业生态环境	水产生物技术	水产遗传育种	水产病害防治
分布篇数	11	17	26	2	10
学科	水产养殖技术	渔业工程与装备	渔业信息与发展战略	其他（行政管理、综述等）	
分布篇数	12	1	5	10	

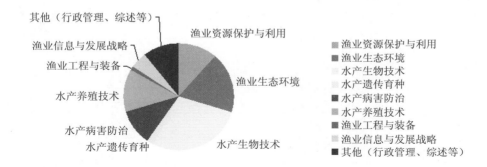

图2-76　第一作者为长江所SCI和EI收录论文学科分布

2.6.2.5　期刊分布

对第一单位为长江所被SCI收录论文进行分析发现，80篇论文分布在34种期刊里，相比较中文论文，外文论文的期刊分布比较零散。发文前6的期刊中共有论文47篇，占总数80篇的58.75%。这些期刊构成了长江所外文主要来源期刊。具体期刊发文数量见表2-147。

表2-147　期刊发文数量

单位：篇

期刊名称	JOURNAL OF APPLIED ICHTHYOLOGY	ENVIRONMENTAL BIOLOGY OF FISHES	THERIOGENOLOGY
发文数量	26	9	3
期刊名称	COMPARATIVE BIOCHEMISTRY AND PHYSIOLOGY B-BIOCHEMISTRY & MOLECULAR BIOLOGY	COMPARATIVE BIOCHEMISTRY AND PHYSIOLOGY C-TOXICOLOGY & PHARMACOLOGY	ECOTOXICOLOGY
发文数量	3	3	3

2.6.2.6　基金资助情况

在第一单位为长江所并被SCI收录论文的80篇论文中，受到项目资助的论文为55篇。资助频次大于2次的共11类，如表2-148。其中，国外项目资助频次高达83次，这和长江所科研人员在国外开展研究有着很大的关系。国家自然科学基金和农业行业专项分别位于第二和第三位。其中，以上统计剔除了仅包含单位、不包含基金字段的情况。

表2-148　基金资助情况

项目	频次（次）
国外项目基金	83
国家自然科学基金	11
农业行业专项	9
国家973项目计划	3
公益性行业科研专项	3
水利部公益性行业专项	3
农业部淡水生物保护实验室开放课题	3
国家863计划项目	2
国家科技支撑计划	2
湖北水产局基金	2
长江上游自然保护区补偿基金	2

2.6.2.7　著者情况

1）高产作者

通过SCI和EI第一作者发文数量，可以分析长江所的高产作者，方便对科研人员进行评价。10年中，长江所共有23名科研人员发表过第一作者署名的科技论文，发文量排名前10的科研人员见表2-149，他们组成了长江所外文科研论文的主力军。

表2-149　高产作者

单位：篇

作者	李志华	厉萍	危起伟	李创举	张辉
发文数	23	8	5	5	4
作者	王朝元*	陈大庆	张世羊	朱永久	庄平*
发文数	4	3	3	2	2

注：*作者现已不在长江所工作。

2）论文合作率

合作率=合作论文数/论文总数。2002—2011年间，长江所发表、且被SCI和EI的163篇论文中，独立作者的为157篇，合作率为96.32%。

整体来说，长江所外文科技论文产出量均较低，质量也有待进一步提高。因此，为增强长江所科研竞争力、提高国际影响力应该更加关注此类论文的撰写和发表。

2.6.3 会议论文

2.6.3.1 文献数量

会议论文就是在会议等正式场合宣读首次发表的论文，属于公开发表的论文，一般正式的学术交流会议都会出版会议论文集，会议论文数量一方面与期刊论文一样反映作者学术水平，另一方面也表现出论文作者与学术界交流的紧密程度。

2001—2011年，长江所发表中文会议论文共计78篇，第一作者发文49篇，占发文总数的62%。按年度分布情况分别见表2-150和表2-151。论文数量波动较大，在2006年及2008年出现两个小波峰后，2009—2011年数量降幅较大。

表2-150 会议论文数量

年份	2001	2002	2003	2004	2005	2006	2007	2008	2009	2010	2011
发文量（篇）	3	1	9	6	8	18	4	18	5	1	7

表2-151 第一作者会议论文数量

年份	2001	2002	2003	2004	2005	2006	2007	2008	2009	2010	2011
发文量（篇）	3	1	9	5	5	10	2	5	4	1	4

2.6.3.2 论文来源

第一作者发表的会议文献，来自于39个种类的会议，24个主办单位。频次排名前5位的会议及主办单位，见表2-152和表2-153。中国水产学会及其主办的中国水产学会年会成为会议文献的最主要的来源。

表2-152 主办单位

主办单位	中国水产学会	中国水产科学研究院	中国水利学会	中国工程院	中国农学会
频次（次）	23	10	9	6	3

表2-153 发文会议

会议	中国水产学会学术年会	中国水产科学研究院2006年内陆水域渔业资源与生态环境学术研讨会	中国工程院工程科技论坛
频次（次）	7	6	6
会议	世界华人鱼虾营养学术研讨会	全国环境与生态水力学学术研讨会	
频次（次）	6	5	

2.6.4　小结

2002年11月，农业部启动实施了对所属科研机构的分类改革工作，长江所未编入非营利性科研机构，划转为农业事业单位管理。2001—2011年，是长江所励精图治、争取回归科技创新体系的10年。长江所在争取科研项目、申报科研成果、健全学科体系、培养后备人才等方面都取得了长足的进步。科技论文产出是这一时期科技事业进步的一个具体体现。

从中文期刊论文产出情况来看，发文数量总体有进步，但第一作者发文数量变幅不是很大，研究生作者论文保持了稳定增长，但中文期刊论文增长远不如SCI论文增长显著。通过对不同论文的学科分类分析发现，不同学科方向的论文产出有重复研究的现象。如水产生物技术学及水产养殖技术学的论文，往往出现使用一种方法而针对不同水产品对象进行实验，这些方面的论文其实可归纳为对同一生物技术或养殖技术的研究。出现这种现象，可能与长江所科研机构设置有关。长江所相对优势领域是资源保护及利用、病害防治、养殖技术；相对弱势领域是生态环境评价与保护、水产品质量安全。长江所近年在鱼类营养需要、遗传性状分析、资源监测调查、水产品检测技术等方面所做工作较多，研究相对更深入。

在SCI和EI收录论文方面，长江所被收录的论文呈现出不断增长的趋势，在数量和质量上均有很大程度的提高，还具有论文分布学科突出、论文受资助基金来源多样化、论文合作机构广泛等特点。在看到进步的同时，也可看到长江所与国内一流研究所尚存在一定差距，如论文相对数量偏少、高影响因子期刊论文较少、论文学科分布不均等。

2.7　珠江水产研究所科技论文产出分析

中国水产科学研究院珠江水产研究所（以下简称珠江所）创建于1953年，是国家按流域布局设置的渔业综合科学技术研究机构，隶属农业部，主要承担我国珠江流域及热带亚热带渔业发展的科技创新和技术支撑任务。重点开展水产种质资源与遗传育种、水产养殖与营养、水产病害与免疫、渔业资源保护与利用、渔业生态环境评价与保护、水生实验动物、城市渔业和水产品质量安全等领域的研究，同时拓展转基因鱼、外来水生生物物种与生物安全等新兴领域研究。所内设有育种、养殖、病害、资源、环保、生物技术、水生实验动物、观赏鱼8个研究室，拥有中国水产科学研究院热带亚热带鱼类选育与养殖重点开放实验室、农业部水生经济动物病害防治研究中心、农业部珠江中下游渔业资源环境重点野外科学观测试验站、广东省水产动物免疫技术重点实验室等重要科研机构，具备完善的实验室、实验基地、水产种质资源库、标本馆、图书馆等配套设施，可为科研项目提供全方位的条件保障。珠江水产研究所具有优美的自然环境和优越的科研条件，在协调科学发展的同时，以人才为根本，为优秀的人才提供充分发挥才干的舞台和空间。现有职工300多人，其中研究员21人，副研究员28人，博、硕导师17人，享受政府特殊津贴专家13人，院首席科学家2人。

科技论文产出是学科整体实力和水平的反映，分析论文产出情况，有助于了解珠江所科研建设情况。本文基于维普、CNKI、万方、web of science、EI五大数据平台，采用文献计量学方法，对珠江所科技论文产出的整体情况进行分析。

2.7.1　中文期刊论文

2.7.1.1　发文数量

2001—2011年，珠江所在中文期刊上发表的论文共计1 134篇。发文数量按年度分布情况如表2-154和图2-77。可见，珠江所从2004年开始论文数直线上升，到2008年趋于稳定，2009年以后稍微下降，原因是2009年更加重视质量而不是一味追求数量。

表2-154　科技论文数量

单位：篇

年份	2001	2002	2003	2004	2005	2006	2007	2008	2009	2010	2011
发文量	87	63	71	61	90	99	128	126	147	134	128

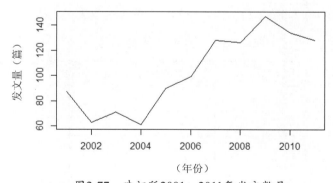

图2-77　珠江所2001—2011年发文数量

2.7.1.2　发文期刊

珠江所1 134篇发表的论文，其中CNKI收录为966篇，收录率为85.2%，而其他未被CNKI收录的168篇论文中分别发布于一些非核心期刊，一些应用类的刊物，如《海洋

《与渔业》等。所以CNKI可以作为中文期刊情报分析的主要数据库。

论文作者或通讯作者属于珠江所的论文数1 034，占总论文91.2%。论文分别分布于175种期刊。发文数量排名前15的共536篇，占论文总量的占论文总量的47.3%，这15种期刊名称及发文数量如表2-155，说明珠江所发表论文的期刊较为分散。

表2-155　期刊发文数量

单位：篇

期刊名称	水产科技	中国水产科学	科学养鱼	大连水产学院学报
发文数量	64	61	54	53
期刊名称	水产学报	广东农业科学	淡水渔业	广东海洋大学学报
发文数量	52	37	32	28
期刊名称	水生生物学报	渔业致富指南	水生态学杂志	内陆水产
发文数量	27	24	24	23
期刊名称	中国水产	广东饲料	上海海洋大学学报	
发文数量	20	19	18	

2.7.1.3　学科分析

水科院将重点建设领域分为10大学科，分析10大学科的发文量可以从一个侧面反映学科的发展现状，得到2000—2011年珠江江所科技论文在10大学科的分布，如表2-156。所占比例最高的是水产养殖技术，占36.7%，其次是水产病害防治17.6%、水产生物技术14.4%、水产遗传育种14.4%，渔业生态环境加上渔业资源保护与利用10.1%。从表2-156可以看出，除了传统水产养殖学科，珠江所的水产病害是发表论文比较多的学科。

表2-156　学科分布发文量

学科	发表论文数量（篇）	百分比（%）
水产养殖技术	461	36.791 7
水产病害防治	220	17.557 86
水产生物技术	181	14.445 33
水产遗传育种	168	13.407 82
其他	81	6.464 485
渔业生态环境	73	5.826 018
渔业资源保护与利用	54	4.309 657
水产品质量安全	13	1.037 5 1
渔业信息与发展战略	2	0.159 617

2.7.1.4 关键词

关键词是科技论文题录信息中最能概括文献主题的词汇，因此，对关键词进行分析，可以挖掘珠江所科学研究的优势领域及科研人员关注的热点问题。2001—2011年，珠江所发表的中文期刊论文排名前15位的关键词，见表2-157。研究热点主要集中在南方养殖品种、水产病害、生物技术、遗传多样性等问题上。

表2-157　关键词发文量

关键词	论文（篇）	关键词	论文（篇）
大口黑鲈	45	遗传多样性	18
生长	36	微卫星	18
剑尾鱼	31	嗜水气单胞菌	18
鳜	25	日本鳗鲡	16
罗非鱼	25	基因克隆	15
序列分析	23	克隆	14
草鱼	22	唐鱼	12
黄喉拟水龟	20		

2.7.1.5 著者情况

高产作者分析

从发表论文篇数和结合珠江所实际情况看，高产作者一定程度体现研究人员的科研能力，但考虑到学科特点，所发文章层次，必须进一步比较分析才能体现研究人员的学术能力和影响力（见表2-158）。

表2-158　作者发文量

作　者	论文（篇）	作　者	论文（篇）
王广军	147	卢迈新	55
谢骏	95	陈永乐	53
石存斌	93	潘厚军	51
朱新平	86	黄樟翰	51
罗建仁	78	吴淑勤	21
余德光	60	白俊杰	21
赖子尼	58	叶　星	14
李凯彬	56		

2.7.1.6 基金资助情况

基金资助对于科学研究，尤其对于重大课题的研究极为重要。从珠江所10年间受到项目资助的论文情况看，受国家项目资助占绝大部分。其中，国家科技支撑计划和自然科学基金资助频次最高（见表2-159）。

表2-159 基金资助发文量

基金名称	篇数（篇）
国家科技支撑计划	87
广东省自然科学基金	83
国家自然科学基金	53
国家高技术研究发展计划（863）	50
国家科技基础条件平台建设计划	42
广东省科技攻关计划	36
社会公益研究专项计划	31
农业部"948"项目	31
国家科技攻关计划	24
国家重点基础研究发展计划（973）	19
广东省星火计划	14
农业部重点科研项目	7
农业科技成果转化资金	7
水利部"948"项目	4
农业部跨越计划项目	3

2.7.1.7 引文分析

引文分析存在相对的滞后性，从2001—2010年发表的被引用次数最多的50篇情况来看：①CSCD核心期刊较多，说明情况级别高的文章质量也高，被引次数较多；②前50名中，时间跨度从2001—2009年，时间久的文章被引率相对也高；③其中朱新平、魏泰莉有多篇排在前50名中，说明该作者的研究工作一直被关注。

2.7.2 会议论文

2001—2011年，珠江所发表中文会议论文共计135篇，其中国际会议2篇。按年度分布情况见表2-160。论文数量逐年增大，趋于稳定。

表2-160　2003—2011年会议论文数量

年份	2003	2004	2006	2007	2008	2009	2010	2011
发文量（篇）	6	10	2	20	26	21	14	36

2.7.3　SCI及EI论文数量

近年，珠江所SCI论文产出一直保持稳定增长趋势（见图2-78），2012年SCI篇数为16篇，EI论文产出则处于较低水平，与其他淡水所情况差不多。目前发表SCI逐渐与青年科研骨干为主。但珠江所SCI论文篇数还是较少，论文质量还有待提高。

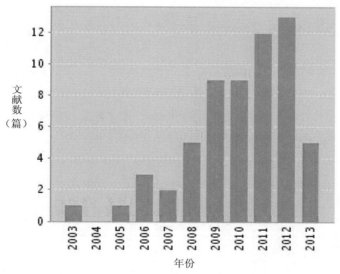

图2-78　2003—2013年每年出版的文献数

2.8　淡水渔业研究中心科技论文产出深度分析

中国水产科学研究院淡水渔业研究中心（以下简称淡水中心）成立于1978年，是国家农业科技创新体系中集科学研究、教育培训、成果转化和信息交流于一体的综合性水产研发机构，"八五"期间被农业部评为"全国农业科研综合实力百强研究所"。2002年11月，被国家科技部、财政部和中编办确定为非营利性科研机构，进入国家科技创新体系。

至2011年，中心有在职职工180多人，其中科技人员130人，研究员22人，副研究员32人，有享受政府特殊津贴、突出贡献专家4人，院首席科学家1人，博士生导师5人，硕士生导师19人。

根据我国渔业和渔业经济对科技创新的要求，围绕渔业科技创新的重点领域，结合中心的学科优势和发展，确定了水产养殖基础生物学和遗传育种、生物多样性保护与种质资源保存、渔业生态环境监测与保护、渔业资源调查评估与管理、渔业重大病害预警与控制、水产养殖容量和健康养殖、水产养殖对象营养学和渔业经济信息8个重点学科。

2003年中心加入科研创新体系，带动和促进了科研人员对高质高产科技论文的产出，现基于维普、CNKI、万方、web of science、EI五大数据平台，采用文献计量学方法，对中心科技论文产出的整体情况进行分析，以期对中心的科学研究和科研管理提供信息支撑。

2.8.1 中文期刊论文

2.8.1.1 发文数量

2001—2011年，中心在中文期刊上发表的论文共计1 118篇，其中第一作者或通讯作者为本单位的论文有988篇，占发文总数的88.4%。发文数量按年度分布情况如表2-161和图2-79，第一作者或通讯作者发文情况见表2-162和图2-80，从上述图表可见，中心近10年来发文数量总体呈稳步上升趋势，近7年数量增长最为显著。2001—2011年中文期刊科技论文年均增长率达14.4%。

表2-161 2001—2011年淡水渔业研究中心科技论文数量

年份	2001	2002	2003	2004	2005	2006	2007	2008	2009	2010	2011
发文量（篇）	47	44	43	59	106	125	88	111	151	163	181

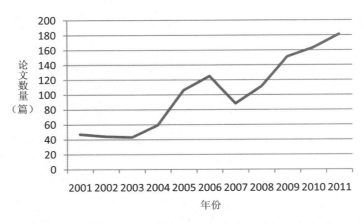

图2-79 2001—2011年淡水渔业研究中心科技论文数量

表2-162 第一作者或通讯作者的科技论文数量

年份	2001	2002	2003	2004	2005	2006	2007	2008	2009	2010	2011
发文量（篇）	41	41	41	49	97	112	78	103	131	138	156

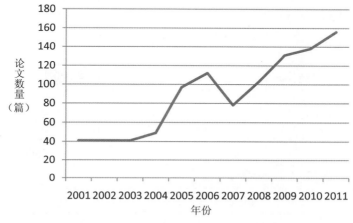

图2-80 2001—2011年第一作者或通讯作者的科技论文数量

为分析中心科研人员学识、专业技术水平等情况与发表论文数量之间的关系，对2005年以来科研人员的学历与专业技术职称情况进行了统计，从表2-163可以看出，2005—2011年，中心中高级职称人数逐年显著增加，并且硕士、博士人员数量也不断增长，尤其具有博士学位人员数量比2005年有了显著增长。博士人员数量与科技论文数量相关系数为0.79，硕士人员数量与科技论文数量相关系数为0.1，高级职称人员数量与科技论文数量相关系数为0.89，中级职称人员数量与科技论文数量相关系数为0.81，因此中心科研人员的职称层次与其2005—2011年论文的增势的相关度超过了学历层次与论文增势的相关度。

表2-163 淡水渔业研究中心科研人员基本情况

年份	2005	2006	2007	2008	2009	2010	2011
硕士人数（人）	19	22	37	44	38	32	35
博士人数（人）	4	6	6	7	11	7	15
高级职称人数（人）	43	44	43	45	45	48	51
中级职称人数（人）	23	25	33	33	48	47	55

2.8.1.2 发文期刊

经整合和去重后的1 118篇中文文献，分布于237种期刊。根据维普与CNKI的期刊分类，水产渔业类期刊共有70种，其中核心期刊19种。中心发表于水产渔业类期刊的论文数量为1062篇，占发文总量的95%，其中核心期刊发文量为317篇，核心期刊发文率为29.8%。

发文数量排名前10位的期刊共发表文献467篇，占论文总量的41.8%，期刊名称及发文数量如表2-164所示。

表2-164 期刊发文数量

单位：篇

期刊名称	科学养鱼	中国水产科学	中国农学通报	水产学报
发文数量	145	54	51	43
期刊名称	水生生物学报	淡水渔业	农业环境科学学报	中国水产
发文数量	38	33	29	26
期刊名称	上海水产大学学报		浙江海洋学院学报(自然科学版)	
发文数量	26		22	

2.8.1.3 学科分析

将淡水中心发表的中文科技论文（第一作者和通讯作者）按10大学科进行标引，得到2000年—2011年中国水产科学研究院科技论文在10大学科的分布，如图2-81和表2-165。所占比例最高的是水产养殖技术，约占25%，其次是渔业生态环境，占17%，水产病害防治和水产遗传育种均约占14%。

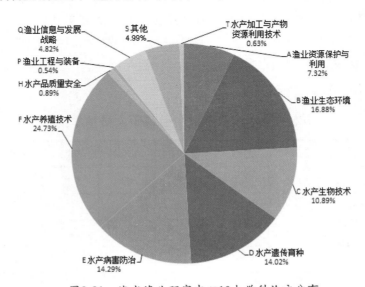

图2-81 淡水渔业研究中心10大学科论文分布

表2-165 淡水渔业研究中心10大学科论文分布比率

学科	渔业资源保护与利用	渔业生态环境	水产生物技术	水产遗传育种
比例	7.32%	16.88%	10.89%	14.02%
学科	水产病害防治	水产养殖技术	水产加工与产物资源利用技术	水产品质量安全
比例	14.29%	24.73%	0.63 %	0.89%
学科	渔业工程与装备	渔业信息与发展战略	其他	
比例	0.54%	4.82%	4.99%	

2.8.1.4 关键词

关键词是科技论文题录信息中最能概括文献主题的词汇，因此，对关键词进行分析，可以挖掘科学研究的优势领域及科研人员关注的热点问题。2001—2011年，中心发表的中文期刊论文共涉及关键词4 133个，不同关键词2 147个，其中排名前20位的关键词，见表2-166。研究热点主要集中在以罗非鱼、鲤鱼、克氏原螯虾、异育银鲫、中华绒螯蟹和日本沼虾为代表的水产动物，从遗传多样性、营养成分、养殖环境以及养殖技术方面进行研究。

表2-166 关键词出现的频次

单位：次

关键词	罗非鱼	奥利亚罗非鱼	遗传多样性	生长	肌肉
词频	48	40	35	34	25
关键词	营养成分	鲫鱼	鱼类	克氏原螯虾	尼罗罗非鱼
词频	23	20	19	19	19
关键词	异育银鲫	水质	太湖	鲤鱼	RAPD
词频	19	19	19	19	18
关键词	微卫星	中华绒螯蟹	建鲤	日本沼虾	无公害养殖技术
词频	18	18	18	16	16

为了进行比较分析，将2001—2011年分为早期、中期、近期3个时间段，分别为2001—2004年，2005—2008年和2009—2011年，分别统计各时间段内排名前12的关键词分布情况。由表2-167可以看出，各时期内的研究重点与热点既存在共性也有所变化，水产品品种和水产养殖是科研人员始终关注的问题，前期和中期对养殖技术、养殖环境的研究比较多，中期开始出现比较多分子生物学方向的研究，水产品品种也从前期的罗非鱼、建鲤继续向更多品种扩散，如黄鳝、克氏原螯虾等。

表2-167　分阶段关键词出现的频次

单位：次

2001—2004年	生态环境	罗非鱼	中国	毒理效应	建鲤	生物降解
	6	5	5	4	4	4
	养殖	鱼类	长江	成活率	光合细菌	假单胞菌
	4	4	3	3	3	3
2005—2008年	奥利亚罗非鱼	罗非鱼	遗传多样性	RAPD	翘嘴红	生长
	29	18	16	14	13	13
	黄鳝	营养成分	草鱼	鱼类	肌肉	染色体
	12	12	11	10	9	9
2009—2011年	罗非鱼	生长	遗传多样性	克氏原螯虾	微卫星	肌肉
	25	20	18	18	16	15
	太湖	鲫鱼	吉富罗非鱼	异育银鲫	尼罗罗非鱼	无公害养殖技术
	14	13	13	11	11	10

2.8.1.5　著者情况

1）高产作者分析

通过统计第一作者的发文数量，可以查看本单位撰写科研论文的高产作者，方便对科研人员进行评价。截至2011年，中心共有344名科研人员发表过第一作者署名的科技论文，发文量排名前10的科研人员见表2-168，他们在不同领域组成了淡水渔业研究中心科研的核心力量。

表2-168　淡水渔业研究中心高产作者

作　　者	陈家长	吴伟	赵朝阳	刘波	何义进
发文数（篇）	38	34	29	24	24
作　　者	周鑫	邴旭文	姜礼燔	刘凯	杨弘
发文数（篇）	24	21	20	17	16

2）著者合作情况

科技论文著者的合作情况是指一篇科技论文有多少位科技人员参加该项研究工作，一般来说一篇文章著者人数越多其著者合作度越高。论文合作情况越高，一方面表明论文研究的技术难度和实用性、实验性越强，需要合作完成的必要性越大，另一方面说明科研人员更加注重研究过程中的交流与合作。一般可以通过合作率和合作度两个指标进行计算。

合作率=合作论文数/论文总数。2001—2011年间，淡水渔业研究中心发表的1 118篇科技论文中，以独立作者发表的论文有163篇，合作率为0.85。早期（2001—2004年）、中期（2005—2008年）、近期（2009—2011年）的合作率见表2-169。

表2-169　不同时期著者之间合作率

时期	早期	中期	近期
合作率	0.71	0.86	0.87

合作度=作者总数/科技论文总数。淡水渔业研究中心著者合作度为3.56。早期（2001—2004年）、中期（2005—2008年）、近期（2009—2011年）的平均合作度见表2-170。在2001—2011年这11年间，中心科技人员之间的合作率和合作度两项指标呈现上升趋势，表明科研人员之间的协作在不断加强。

表2-170　不同时期著者之间平均合作度

时期	早期	中期	近期
平均合作度	2.46	3.54	4.40

3）基金资助情况

基金资助对于科学研究，尤其对于重大课题的研究极为重要。淡水渔业研究中心11年间受到项目资助的论文为686篇，涉及项目992项，项目类别187种。资助频次大于20次的共7类，见表2-171。其中，中央级公益性科研院所基本科研业务费专项资助频次最高达176次，现代农业产业技术体系和国家自然科学基金项目资助频次分别位于第二和第三位。

表2-171　基金资助情况

项目	频次（次）
中央级公益性科研院所基本科研业务费专项	176
现代农业产业技术体系	50
国家自然科学基金项目	46
国家科技基础条件平台项目	43
江苏省水产三项工程	33
江苏省自然科学基金项目	27
农业部水生动物遗传育种和养殖生物学重点开放实验室开放基金资助	25

2001—2011年，受资助论文数量及资助比率如表2-172所示，受资助率一直呈上升趋势，只在2003年出现小幅下降，其余的时间一直呈递增状态，在2009年以后，受资

助率更是超过了70%。

表2-172 论文受资助率

年份	2001	2002	2003	2004	2005	2006	2007	2008	2009	2010	2011
受资助论文数（篇）	6	13	11	24	50	74	62	76	106	121	129
论文总数（篇）	47	44	43	59	106	125	88	111	151	163	181
受资助率	13%	30%	26%	41%	47%	59%	70%	68%	70%	74%	71%

同时可以看出，受资助论文数量与受资助率并没有直接关系，如2007年中心受资助论文数量为62篇，比上一年下降了16%，但受资助率却比上年增加了11%。

4）引文分析

由于引文分析存在相对滞后性，因此仅对2001—2010年发表的科技论文进行引文分析。2001—2010年间，淡水渔业研究中心第一作者或通讯作者发表论文总数为249篇，总被引次数861次，发文数量、被引次数及平均被引率年度分布见表2-173。平均被引率年度变化趋势见图2-82。

表2-173 科技论文被引用情况

年份	2001	2002	2003	2004	2005	2006	2007	2008	2009	2010
发文量（次）	41	41	41	49	97	112	78	103	131	138
被引次数（次）	295	465	326	421	939	1078	639	763	736	509
平均被引率	14%	9%	13%	12%	10 %	10%	12%	13%	18%	27%

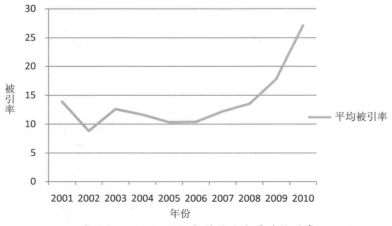

图2-82 2001—2010年科技论文平均被引率

可以看出，10年间，除2009年平均被引率低于10%，其余年份均在10%以上，并从2006年开始一直处于上升状态。

2.8.2 会议论文

2.8.2.1 文献数量

会议论文就是在会议等正式场合宣读首次发表的论文，属于公开发表的论文，一般正式的学术交流会议都会出版会议论文集。会议论文数量一方面与期刊论文一样反映作者学术水平；另一方面也表现出论文作者与学术界交流的紧密程度。

2001—2011年，淡水渔业研究中心发表的中文会议论文共计93篇，以第一作者发表的会议论文79篇，占发文总数84.9%。按年度分布情况分别见表2-174和表2-175。论文数量波动较大，在2004年、2008年和2011年分别出现发文高峰，其余年份相对发文量不大，2011年所发表的会议论文数量达到历年最高。

表2-174　淡水渔业研究中心会议论文数量

年份	2001	2002	2003	2004	2005	2006	2007	2008	2009	2010	2011
发文量（篇）	1	0	6	15	6	8	6	12	10	5	24

表2-175　第一作者会议论文数量

年份	2001	2002	2003	2004	2005	2006	2007	2008	2009	2010	2011
发文量（篇）	1	0	6	10	4	2	3	8	7	4	21

2.8.2.2 论文来源

第一作者发表的会议文献，来自于29个种类的会议，17个主办单位。频次排名前5位的会议及主办单位，见表2-176和表2-177。中国水产学会及其主办的中国水产学会年会成为会议论文最主要的来源。

表2-176　主办单位

主办单位	中国水产学会	中国水产科学研究院	中国科学技术协会	江苏省科学技术协会	江苏省遗传学会
频次（次）	36	7	3	3	2

表2-177　发文会议

会议	2011年中国水产学会学术年会	2010年中国水产学会学术年会	全国农业面源污染与综合防治学术研讨会
频次（次）	11	7	6
会议	2003水产科技论坛	2005年中国水产学会全国水产学科前沿与发展战略研讨会	首届中国湖泊论坛
频次（次）	4	3	3

2.8.3 外文期刊论文

论文发表情况是进行科研机构评估的重要指标之一，论文发表情况量在一定程度上代表了一个科研机构的影响力。而外文的发表情况则可以体现一个科研机构在国际上的学术影响力，其中，SCI和EI所收录的科技期刊与论文，集中了世界上基础学科和工程学科高质量优秀论文的精粹，是国际间衡量论文质量的重要依据。因此统计分析SCI和EI所收录的科技期刊与论文数量、学科分布、被引频次等，了解和掌握本单位科技工作者在所从事领域的国际影响力，有助于激励科研人员在学科内发扬学习创新的精神，取得更高的学术成就。

2.8.3.1 SCI和EI收录论文数量

自2001—2011年，在淡水渔业研究中心科研人员参与发表的外文论文中，被SCI收录的论文有66篇，被EI收录的论文有23篇，第一作者为淡水渔业研究中心人员、被SCI或EI收录的论文有58篇，占收录论文总数的65.2%。通过表2-178和图2-83、表2-179和图2-84可以看出，11年来，淡水渔业研究中心被EI和SCI收录的论文数量呈增长趋势，只是在2011年SCI收录论文在增长的通道上出现了一些回落，EI收录的论文虽经历一些小的波动，但从2004年开始基本处于波动中增长的趋势。

表2-178 淡水渔业研究中心SCI和EI收录论文数量

年份	2001	2002	2003	2004	2005	2006	2007	2008	2009	2010	2011
SCI收录（篇）	1	1	1	3	1	8	6	12	12	13	8
EI收录（篇）	0	0	0	1	2	3	2	5	3	2	5

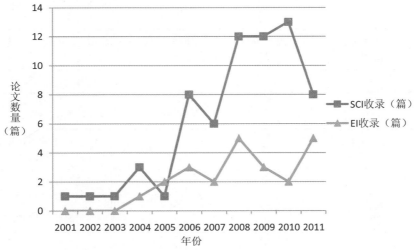

图2-83 2001—2011年SCI和EI收录论文数量

表2-179　第一作者为淡水渔业研究中心人员被SCI和EI收录论文数量

年份	2001	2002	2003	2004	2005	2006	2007	2008	2009	2010	2011
SCI收录（篇）	1	1	1	3	1	8	6	12	5	6	6
EI收录（篇）	0	0	0	1	2	3	2	5	3	2	2

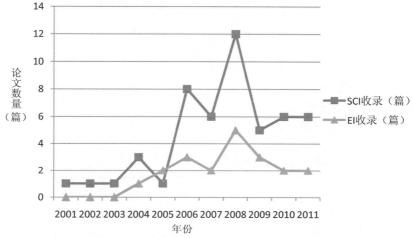

图2-84　2001—2011年第一作者为淡水渔业研究中心人员被SCI和EI收录论文数量

2.8.3.2　SCI收录论文被引次数

论文被引次数是指某一篇文章被其他论文引用的次数。被引次数可明确反映一个科研机构学术研究成果的影响力。论文被引频次越高，表明该机构受关注程度越高。而SCI收录论文被引量更是显示了高质量论文的学术影响力和受关注程度。从整体被引次数上来看，2001—2011年间，淡水渔业研究中心被SCI和EI收录的论文89篇，被引次数为350次。其中，第一作者为淡水渔业研究中心人员、被SCI和EI收录的论文为58篇，被引次数为327次（见表2-180和图2-85）。

从表2-181和图2-86可以看出，11年间，第一作者为淡水渔业研究中心人员、被SCI和EI收录论文篇均被引率保持在1～12.7之间，在2004年达到最高值。从数值上看，自2008年起，篇均被引率下降，这与论文发表年度距今比较近、引文分析自身缺陷等有关系。

表2-180　SCI收录论文被引次数

年份	2001	2002	2003	2004	2005	2006	2007	2008	2009	2010	2011
被引次数（次）	1	6	2	38	5	77	45	74	53	26	0

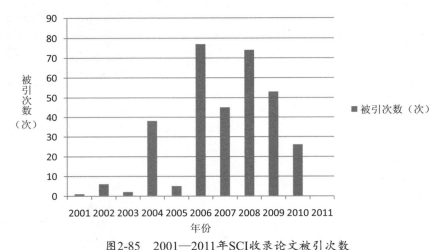

图2-85　2001—2011年SCI收录论文被引次数

表2-181　第一作者为淡水渔业研究中心人员被SCI收录论文篇均被引率

年份	2001	2002	2003	2004	2005	2006	2007	2008	2009	2010
论文数量（篇）	1	1	1	3	1	8	6	12	12	13
被引次数（次）	1	6	2	38	5	77	45	74	53	26
篇均被引率	1	6	2	12.7	5.0	9.6	7.5	6.2	4.4	2.0

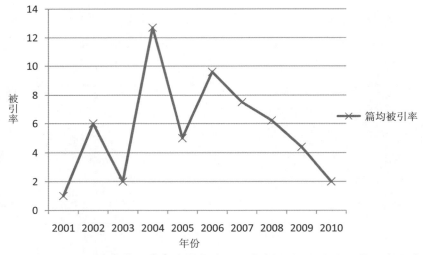

图2-86　2001—2010年第一作者为淡水渔业研究中心被SCI收录论文篇均被引率

2.8.3.3　SCI收录高被引论文

论文发表后是否被引从另外一个方面体现出了论文本身的影响力和重要性，表2-182

给出了前5篇2001—2011年，第一作者为淡水渔业研究中心人员、被SCI收录的高被引论文（剔除了非水产专业论文）。其中殷国俊研究员在鲤鱼免疫反应方面的两篇论文分别被引48次和29次，较其他论文更有影响力。

表2-182　SCI收录的高被引论文

序号	作者	被引篇名	被引次数（次）
1	Yin, G. J.; Jeney, G.; Racz, T.; Xu, P.; Jun, M.; Jeney, Z.	Effect of two Chinese herbs (Astragalus radix and Scutellaria radix) on non-specific immune response of tilapia, Oreochromis niloticus	48
2	Yin, G. J.; Ardo, L.; Thompson, K. D.; Adams, A.; Jeney, Z.; Jeney, G.	Chinese herbs (Astragalus radix and Ganoderma lucidum) enhance immune response of carp, Cyprinus carpio, and protection against Aeromonas hydrophila	29
3	Yang, J.; Kunito, T.; Anan, Y.; Tanabe, S.; Miyazaki, N.	Total and subcellular distribution of trace elements in the liver of a mother-fetus pair of Dall's porpoises (Phocoenoides dalli)	18
4	Yang, J.; Miyazaki, N.; Kunito, T.; Tanabe, S.	Trace elements and butyltins in a Dall's porpoise (Phocoenoides dalli) from the Sanriku coast of Japan	13
5	Xie, J.; Liu, B.; Zhou, Q. L.; Su, Y. T.; He, Y. J.; Pan, L. K.; Ge, X. P.; Xu, P.	Effects of anthraquinone extract from rhubarb Rheum officinale Bail on the crowding stress response and growth of common carp Cyprinus carpio var. Jian	13

2.8.3.4　学科分布

论文的学科分布情况是指某一个单位或某一个人发表论文所归属的学科。不同的学科分布，体现不同研究机构的研究侧重点。通过表2-183、图2-87、表2-184和图2-88，可以看出，中心外文论文的研究重点在渔业生态环境、水产生物技术和水产病害防治等方面。其中，在SCI和EI收录论文中，水产品质量安全、渔业工程与装备、渔业信息与发展战略和水产加工和产物资源利用技术方面的论文数量为0。

表2-183　SCI和EI收录论文学科分布

单位：篇

学科	渔业资源保护与利用	渔业生态环境	水产生物技术	水产遗传育种	水产病害防治
分布篇数	1	42	20	2	22
学科	水产养殖技术	水产品质量安全	渔业工程与装备	渔业信息与发展战略	其他（行政管理、综述等）
分布篇数	2	0	0	0	0

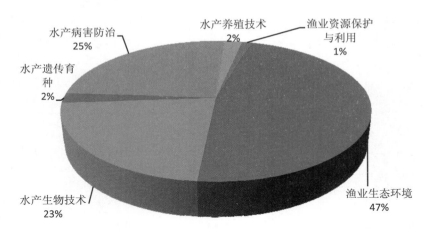

图2-87　SCI和EI收录论文学科分布

表2-184　第一作者为淡水渔业研究中心人员SCI和EI收录论文学科分布

单位：篇

学科	渔业资源保护与利用	渔业生态环境	水产生物技术	水产遗传育种	水产病害防治
分布篇数	1	32	9	2	13
学科	水产养殖技术	渔业工程与装备	渔业信息与发展战略	其他（行政管理、综述等）	
分布篇数	1	0	0	0	

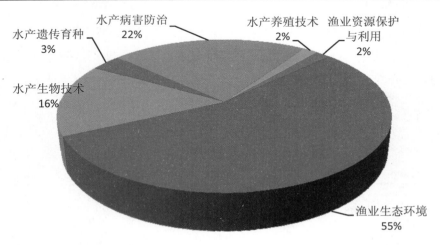

图2-88　第一作者为淡水渔业研究中心人员SCI和EI收录论文学科分布

2.8.3.5　期刊分布

经过对第一单位为淡水渔业研究中心、被SCI收录论文进行分析发现，61篇论文分布在33种期刊里，相比较中文论文，外文论文的期刊分布比较零散。发文在前6种期刊中共有论文47篇，占总数的77%。这些期刊构成了淡水渔业研究中心外文主要来源期刊。具体期刊发文数量见表2-185。

表2-185　期刊发文数量

单位：篇

期刊名称	Chemosphere	AQUACULTURE	Bulletin of Environmental Contamination and Toxicology
发文数量	15	4	4
期刊名称	AQUACULTURE RESEARCH	ARCHIVES OF ENVIRONMENTAL CONTAMINATION AND TOXICOLOGY	Bioresource Technology
发文数量	3	3	3

2.8.3.6　基金资助情况

基金资助对于科学研究，尤其对于重大课题的研究极为重要。在著者第一单位为淡水渔业研究中心、被SCI收录论文的67篇论文中，受到项目资助的论文为8篇。

资助频次大于2次的共11类，如表2-186所示。其中，农业部水生动物遗传育种和养殖生物学重点开放实验室开放基金4次，位于第一位，国家自然科学基金和国际科学基金位于第二和第三位。其中，以上统计剔除了仅包含单位、不包含基金字段的情况。

表2-186　基金资助情况

项目	频次（次）
农业部水生动物遗传育种和养殖生物学重点开放实验室开放基金	4
国家自然科学基金	3
国际科学基金	3
国家863计划项目	2
公益性行业科研专项	2

2.8.3.7　著者情况

1）高产作者

通过统计SCI和EI第一作者发文数量，可以分析淡水渔业研究中心的高产作者，方便对科研人员进行评价。11年中，淡水渔业研究中心共有18名科研人员发表过第一作者署名的科技论文，发文量排名前5位的科研人员见表2-187，他们组成了淡水渔业研究中心外文科研论文的主力军。

表2-187　淡水渔业研究中心外文高产作者

作　者	杨健	吴伟	殷国俊	傅洪拓	刘波
发文数（篇）	25	4	4	3	3

2）论文合作率

合作率=合作论文数/论文总数。2001—2011年间，淡水渔业研究中心发表、且被SCI和EI收录的163篇论文中，全部为合著，合作率为100%。

整体来说，淡水渔业研究中心外文科技论文产出量较低，质量也有待进一步提高。因此，为增强中心科研竞争力、提高国际影响力，应该更加关注此类论文的撰写和发表。

2.9　渔业机械仪器研究所科技论文产出文献计量分析

中国水产科学研究院渔业机械仪器研究所（以下简称渔机所）主要从事渔业装备与工程及相关学科的应用基础研究、关键技术研发和集成创新以及相关成果的推广与行业技术支撑，是我国唯一的专业研究机构。主要研究领域：水产养殖工程、渔业生态工程、海洋渔业工程、渔业船舶工程、水产品加工机械工程、饲料加工机械工程、渔业装备质量与标准和渔业装备信息与战略。

科技论文的产出是衡量科研单位科研水平和学术水平的一项重要指标。近年来，渔机所科技工作取得了显著成绩，科技论文产出呈现快速增长态势，为了更好地了解本所的科研水平，以期为科研人员和管理人员提供参考数据，提升本科研单位及科研人员的学术水平。本文使用文献计量法对渔机所2001—2011年来发表的科技论文进行统计分析，通过分析年度论文分布、核心作者群、基金项目、发表刊物、研究层次等相关指标，对本所的科研水平进行宏观的评估以及对优秀科研工作者进行学术影响力分析，从而可以综合评价科研人员及科研机构的学术活动及其影响力。

本文以CNKI、维普、万方、web of science、EI为信息源，检索2001—2011年的论文、会议。为了保证文献计量分析的准确性、查全率，考虑"单位名称"检索字段各种可能出现的检索形式：水科院渔机所、中国水产科学研究院渔机所、上海渔业机械仪器研究所、中国水产科学研究院渔业机械研究所。而在使用英文单位名称检索时，需要考虑各种拼写、全称、简称等，如使用Fishery Machinery and Instrument Research Institute、Chinese Academy of Fishery Sciences、FMIRI等关键词进行检索。数据最终全部输入Excel，进行整理分析，统计论文产出的年度分布，期刊分布，核心期刊发文量，学科分布以及核心作者群等内容。

2.9.1　中文科技论文产出分析

2.9.1.1　中文科技论文年度分析

2001—2011年，渔机所发表中文科技论文共计329篇，其中第一作者或通讯作者发文为280篇，占发文总数的85%。近10年来发文量、第一作者、通讯作者发文量总体呈上升趋势，特别是2004年后发文量呈现快速增长趋势。科技论文发文量按照年度分布如表2-188和图2-89，绿色折线为第一/通讯作者发文占全部发文的比率。

表2-188　2001—2011渔机所中文科技论文发文量变化情况

年份	2001	2002	2003	2004	2005	2006	2007	2008	2009	2010	2011	合计
发文量（篇）	10	9	17	7	21	26	30	35	47	64	63	329
第一/通讯（篇）	10	9	13	7	19	22	26	28	42	52	52	280
发文率	100%	100%	76%	100%	90%	85%	87%	80%	89%	81%	83%	85%

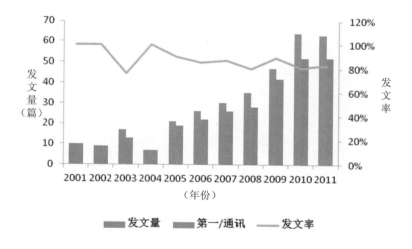

图2-89　2001—2011年渔机所中文期刊发文量变化趋势

2.9.1.2　科技论文期刊分布分析

2001—2011年，渔机所发表的中文科技论文中共有237篇为核心期刊发文，约占发文总数的60%。从表2-189、图2-90可知，近10年来随着科技论文数量的增加，核心期刊论文数量也在逐年增加，但是增加速度相对缓慢。

表2-189　2001—2011年渔机所载文期刊种类变化情况

年份	2001	2002	2003	2004	2005	2006	2007	2008	2009	2010	2011	合计
发文量（篇）	10	9	17	7	21	26	30	35	47	64	63	329
核心期刊论文数（篇）	6	7	13	4	16	22	24	24	31	43	47	237
发文率	60%	78%	77%	57%	76%	85%	80%	69%	66%	67%	75%	60%

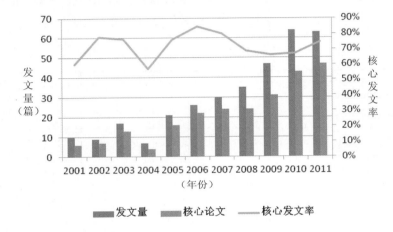

图2-90　2001—2011年渔机所载文期刊种类变化情况

2001—2011年，随着科技论文发表数量的增加，期刊种类以及核心期刊种类也在不断增加，与发文量相似的情况，2004年后科技论文发表的期刊数量也呈现快速增长趋势，这说明渔机所科技论文研究领域越来越多元化，涉及渔业水产、船舶、食品加工、会计、经济、环境、水运等领域。表2-190为渔机所科技论文载文期刊以及核心期刊种类年度变化情况。

表2-190　2001—2011年渔机所载文期刊数变化趋势

年份	2001	2002	2003	2004	2005	2006	2007	2008	2009	2010	2011
期刊数（篇）	5	4	8	5	5	9	10	17	23	28	26
核心期刊（篇）	3	3	7	3	2	5	7	7	11	16	19
核心期刊比	60%	75%	88%	60%	40%	56%	70%	41%	48%	57%	73%

渔机所发表的329篇论文分布的期刊共80种。其中核心期刊42种，占期刊总数的52.5%。发表论文5篇以上的有9种期刊（表2-191），其中发表在《渔业现代化》上的

论文共127篇，占发表论文总量的38.6%，是第二名的4倍以上，第三名的6倍以上。这说明渔机所论文发表刊物较为集中，离散度较低。其中，发表EI论文数较多地集中在《农业工程学报》杂志上。

表2-191　渔机所发表论文2篇以上的期刊

期刊	数量（篇）	是否核心期刊	EI/SCI	所占比例(%)
渔业现代化	127	是	/	38.6%
现代渔业信息	29	否	/	8.8%
中国水产科学养鱼	20	是	/	6.1%
	11	否	/	3.3%
农业工程学报	9	是	EI	2.7%
渔业科学进展	9	是	/	2.7%
渔业科学进展	5	是	/	1.5%
现代农业科技	5	是	/	1.5%
上海海洋大学学报	5	否	/	1.5%

2.9.1.3　科技论文基金分布分析

基金项目反映了科研论文的研究级别和学术水平。统计分析可知，2001—2011年渔机所共发表基金论文144篇，占科技论文总数的44%。近10年来，受资助论文数量也在不断增加，说明渔机所的科研水平也在不断的提升，见表2-192、图2-91所示。其中国家级论文43篇，占发表基金论文总数的30.1%。可见，渔机所国家级科研项目产出论文数量较多。

表2-192　2001—2011年渔机所基金论文年度分布情况

年份	2001	2002	2003	2004	2005	2006	2007	2008	2009	2010	2011	合计
发文量（篇）	10	9	17	7	21	26	30	35	47	64	63	329
基金论文（篇）	1	0	1	3	4	4	9	16	26	35	46	144
基金论文比	10%	0%	6%	43%	19%	15%	27%	46%	55%	55%	73%	44%

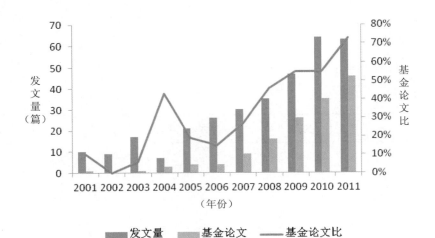

图2-91 2001—2011年渔机所基金论文年度分布情况

据统计2001—2011年渔机所科技论文受资助的基金数量总计191次。随着科技论文发表数量的增加，资助基金的数量也逐年增加，特别是2007年后呈现快速增长趋势（表2-193）。

表2-193 2001—2011年渔机所受资助基金数量变化趋势

年份	2001	2002	2003	2004	2005	2006	2007	2008	2009	2010	2011	合计
资助基金数量（篇）	1	0	1	3	4	4	9	27	43	60	40	191

通过对渔机所近十年来受资助基金进行统计归类分析后，得出科技论文主要受资助的基金来源于表2-194中的8大基金中，这八大基金资助的论文数占总资助论文数的85%，占论文总数的37%。

表2-194 2001—2011年渔机所科技论文主要受资助的基金

基金名称	级别	数量（篇）
现代农业产业技术体系建设专项	国家级	30
国家科技支撑计划	国家级	25
国家高技术研究发展计划（863）	国家级	22
农业部公益性行业(农业)科研专项	部级	20
上海市重点学科建设基金	省市级	13
农业科技成果转化资金	国家级	7
国家自然科学基金	国家级	3
国家科技攻关计划	国家级	2

2.9.1.4 论文数量与职称、学历的相关性分析

科研单位论文产出与许多因素有关，其与科研人员的人数、职称、学历、资源的投入、国家项目的支撑等都有着一定的关系。截至2011年，渔机所共有职工133人，其中工程技术人员64人，科学研究人员60人，统计人员8人，新闻出版人员1人。从事科研工作的职工中，博士2人，硕士35人，本科及以上学历的科研人员占科研人员总数的77%。专业技术岗位拥有副高级以上职称的人员33人，院首席科学家1人。

本书主要分析渔机所科技论文的产出主要受职称、学历影响情况。对近10年科研人员的学历与专业技术职称情况进行统计可知，2001—2011年，硕、博士人数由无到有逐年上升趋势，中、高级职称人员数量变化波动较大。通过绘制散点图，发现学历与科研产出具有一定的正相关性，其中，科研论文产出与具有硕士及以上学位人员数量呈强正相关（相关系数大于0.8），见图2-92。

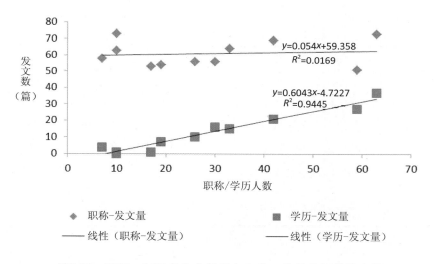

图2-92　2001—2011年论文数量与职称、学历的相关性分析

2.9.2 科研合作分析

科研论文的合作情况可以反映科研工作者以及机构间合作的密切程度。合作者和合作单位数量，反映该科研工作者、机构研究的广度和深度。

2.9.2.1 作者合作情况分析

论文作者合作情况可通过合作率和合作水平描述。合作率是指合著论文与独立作者论文的比例，可通过公式计算获得。公式为：$CR=No/(No+Ns)$，式中：C为合作率；

*No*为合作论文总数；*Ns*为独立论文数。通过计算可知，渔机所合作率为*CR*=0.70。合作水平是指所有论文的平均作者数，公式为：*CL*=*N*/(*No*+*Ns*)。通过计算可知，渔机所的合作水平为*CL*=3。这说明，渔机所近10年的科技论文中的70%与他人合作，平均每篇3人。表2-195，反映了渔机所论文合作的具体情况。

表2-195　10年间渔机所论文作者合作情况

论文作者人数（人）	论文篇数（篇）	百分比（%）
1	98	29.8
2	37	11.2
3	76	23.1
4	55	16.7
5	37	11.2
≥6	26	7.9

2.9.2.2　机构合作情况分析

论文合作作者所属不同单位能反映论文的研究宽度。分析显示，渔机所发表论文中同单位不同部门的合作发文量最多，达到280篇，约占发表总论文数的88%。与除渔机所以外的54个机构合作，合作次数为113次。合作机构涵盖研究所、企事业单位、大学等机构。从表2-196中可以看出，合作具有一定宽度。

表2-196　10年间渔机所论文机构合作情况

机构类型	数量（篇）	合作次数（次）
研究所	15	47
大学	14	31
企业	17	21
其他	8	14

从表2-197可知，渔机所与院属兄弟所间的合作的密切程度，黄海所最紧密，其次是水科院、东海所。学科差异性决定了渔机所与院属兄弟所间除黄海所与院部外的其他所合作度很低。

表2-197 10年间渔机所与院属各所合作情况

合作机构	黄海所	水科院	东海所	南海所	长江所	渔工所	珠江所
合作频次（次）	17	9	3	2	2	2	1

从表2-198可知，渔机所与上海海洋大学合作密切度最高，其次是广东海洋大学，与其他机构合作度相对较低。

表2-198 10年间渔机所与其他机构的合作情况

合作机构	合作频次（次）
上海海洋大学	13
广东海洋大学	5
206研究所	3
中国科学院海洋研究所	3
上海金樱生态农业科技有限公司	2
青岛通用水产养殖有限公司	2
山东寻山水产集团有限公司	2
大连理工大学	2
中国海洋大学	2
浙江富地机械有限公司	2
中国科学院南京地理与湖泊研究所	2
上海市野生动植物保护管理站	2

2.9.3 学科分析

2.9.3.1 学科分布分析

将渔机所2001~2011年的科技文献按中国水产科学研究院10大学科进行分类，这10大学科分别是渔业资源保护与利用、渔业生态环境、水产生物技术、水产遗传育种、水产病害防治、水产养殖技术、水产加工与产物资源利用技术、水产品质量安全、渔业工程与装备、渔业信息与发展战略、其他。由图2-93可知渔机所中文科技论文的学科分布情况，渔业工程与装备发文量最高，其发文量是位列第二的渔业信息与发展战略的3倍以上，在发文总量上绝对优势，占发文总量的53.5%，这与渔机所的科研方向有着密切的关系。渔业信息与发展战略、水产养殖技术、水产品加工与产业资源利用技术这3个学科正在不断成长。

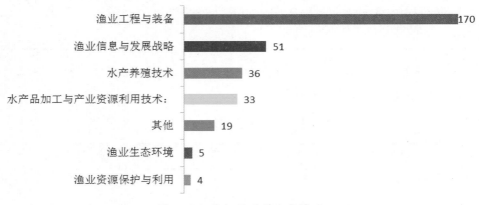

图2-93　渔机所学科分布情况

2.9.3.2　研究主题分析

高频关键词分布

将渔机所2001—2011年科技论文中的关键词规范化处理、合并，统计结果如下（表2-199）：渔机所近10年来的研究优势领域及科研人员关注的热点主要集中在循环水养殖、工厂（业）化养殖、渔业节能减排、网箱、增氧、渔船、水处理、生态修复、养殖、工程、纳米技术等领域。

表2-199　10年间中文期刊论文高频关键词

关键词	词频（次）	关键词	词频（次）
养殖	79	渔业机械	13
循环水养殖	38	渔船（舶）	13
水产养殖	23	渔业工程	12
工业/厂化养鱼（殖）	21	水处理	12
渔业节能/减排	20	对虾（养殖）	9
网箱	20	生态修复/养殖/工程	8
增氧	17	纳米科技	7
渔业	16	现状	5
渔业装备	14	发展趋势	5
标准	14	加工	5

2.9.4 科研成果影响力分析

2.9.4.1 中文科技论文被引情况分析

渔机所10年里发表的318篇论文，其中207篇被引，被引率为65%，总被引频次为981次，篇均被引频次为4.74。从表2-200可知，近10年渔机所论文被引用情况。

表2-200 2001—2011年渔机所科技论文被引用情况

年份	2001	2002	2003	2004	2005	2006	2007	2008	2009	2010	2011
总被引频次（次）	58	22	122	50	109	97	113	114	169	99	28
被引论文数（次）	7	7	14	5	15	19	23	23	37	39	18
被引论文比	70%	78%	82%	71%	71%	73%	77%	66%	79%	61%	29%
篇均被引频次（次）	8.29	3.14	8.71	10.00	7.27	5.11	4.91	4.96	4.57	2.54	1.56

渔机所被引1次的论文是71篇，被引2次的论文是16篇，被引3次的论文是17篇，被引5~9次的论文是47篇，被引10次以上的论文是38篇。其中被引频次最多的是陈军等发表在2009年第4期《渔业现代化》上的论文《我国工厂化循环水养殖发展研究报告》。其他被引10次以上（不包含）的论文情况如表2-201所示。

表2-201 10年间发表论文数被引频次排序

论文名称	作　者	被引频次（次）
我国工厂化循环水养殖发展研究报告	陈　军等	32
海水工厂化养殖水处理系统的装备技术研究	张明华等	31
长江口沿岸碎波带仔稚鱼种类组成和季节性变化	钟俊生等	30
工厂化海水养鱼循环系统的工艺流程研究	张明华等	20
工业化养鱼的进展	丁永良等	20
我国渔业节能减排基本情况研究报告	徐　皓	19
纳米(NANOST)科技养鱼新技术综述	丁永良	19
我国渔业装备与工程学科发展报告(2005—2006)	徐　皓	16
中国水产养殖水体净化技术的发展概况	王　玮	15
工厂化循环水养殖的发展现状与趋势	吴　凡等	15
基于海洋硅藻的生物燃油生产	王兆凯	15
我国水产养殖设施模式发展研究	徐　皓等	14

续表2-201

论文名称	作　者	被引频次（次）
我国渔业能源消耗测算	徐　皓等	12
循环水养殖系统的水处理技术	刘　晃	12
壳聚糖作为罗非鱼饲料添加剂的效果研究	刘兴国等	12
水产标准编写的基本要求	王　玮等	11
渔业装备研究的发展与展望——写在中国水产科学研究院渔业机械仪器研究所成立40周年之际	徐　皓	11
外海抗风浪网箱系统	谌志新等	11

2.9.4.2　SCI/EI收录论文分析

2001—2011年，渔机所被EI收录的文献共24篇，其中研究论文17篇，会议7篇。被SCI收录的文献共2篇。其中，刘兴国发表了6篇EI，2篇SCI，谌志新发表6篇EI，倪琦4篇EI，徐皓3篇EI。其中，11篇论文主要集中在《Nongye Gongcheng Xuebao/Transactions of the Chinese Society of Agricultural Engineering》。

2.9.5　作者分析

论文核心作者群使用普赖斯公式$M=0.749（N_{max}）1/2$。式中，M为最小论文发表数量，N_{max}为所统计的年限中最高产作者的论文数量，其中，核心作者为发表论文数不小于M的论文作者。渔机所发表论文数量最多的作者是丁永良研究员，共发表论文51篇（N_{max}），根据普莱斯公式$M=0.749（N_{max}）1/2$，$N_{max}=51$，$M=6.18$，因此作者发表论文量不小于7篇时，即该作者为核心作者。

2.9.5.1　核心作者群分析

表2-202为排名前20位的作者发文频次和第一或通讯作者发文频次，其中有12位作者的发文频次和第一作者、通讯作者发文频次同时出现在排名前20位，说明这些作者为渔机所的核心作者群。

表2-202　作者发文频次

作者（不限次序）	频次（次）	作者（第一/通讯）	频次（次）
丁永良	52	丁永良	40
徐　皓	45	徐　皓	22
刘　晃	41	王　玮	16
刘兴国	32	刘兴国	12

作者（不限次序）	频次（次）	作者（第一/通讯）	频次（次）
倪 琦	31	江 涛	10
沈 建	22	刘 晃	10
谌志新	21	郁蔚文	7
丁建乐	19	谌志新	6
吴 凡	18	许明昌	5
王 玮	17	谷 坚	5
陈 军	15	张建华	5
江 涛	15	张明华	5
管崇武	14	徐文其	5
张建华	11	倪 琦	4
郁蔚文	11	沈 建	4
宋红桥	11	刘丽珍	4
杨 菁	10	杨 菁	4
张宇雷	10	胡伯成	4
蔡淑君	10	徐中伟	4
张明华	9	欧阳杰	4

2.9.5.2 核心作者分析

从表2-202中找出产出论文数最多的5位科研人员进行深度分析，结果如下。

1）丁永良

丁永良发表科技论文52篇，被引频次151次，篇均被引频次2.9次。其中28篇为独立完成，40篇为第一作者，发表期刊最多的是《现代渔业信息》（24次），《渔业现代化》（10次），主要关注点为纳米材料、科技、养鱼、工业化养鱼、养鱼工厂、车间、工船、对虾养殖、水质净化、增氧设备、景观湖（水）、循环水、鱼菜共生等，主要资助基金为"上海市科委纳米专项基金资助项目(0259nm062)"。

2）徐皓

徐皓发表科技论文45篇，被引频次134次，篇均被引频次2.97次。其中9篇为独立完成，22篇为第一作者，发表期刊最多的是《渔业现代化》（19次），《科学养鱼》（7次），主要关注点为渔业装备与工程、养殖池塘（工程、方式、模式、设施）、循环水养殖（系统）、捕捞、渔业节能、减排、水产养殖、渔船等，主要资助基金为国家"十一五"科技支撑计划项目(2006BAD03B06)、公益性行业(农业)科研专项（nyhyzx07-046-鲆鲽工程化）和国家大宗淡水鱼产业技术体系项目（nycytx-9-12）。

3）刘晃

刘晃发表科技论文41篇，被引频次196次，篇均被引频次4.78次。其中2篇为独立完成，10篇为第一作者，发表期刊最多的是《渔业现代化》（19次），主要关注点为循环水养殖(系统)、水产养殖、养殖水体、方式、工艺、设施、工厂化养殖、水处理等，主要资助基金为现代农业产业技术体系建设专项资金资助（nycytx-46）、国家科技支撑计划项目"淡水鱼工厂化养殖关键设备集成与高效养殖技术开发"（项目编号：2006BAD03B06）。

4）刘兴国

刘兴国发表科技论文32篇，被引频次57次，篇均被引频次1.8次。其中5篇为独立完成，12篇为第一作者，发表期刊最多的是《渔业现代化》（8次），《科学养鱼》（6次）。主要关注点为水产养殖、循环水、排水系统、生态修复、工程、水体、人工湿地等，主要资助基金为中国水产科学研究院渔业水体净化技术和系统研究重点开放实验室开放基金资助、国家大宗淡水鱼类产业技术体系（nycytx-49）。

5）倪琦

倪琦发表科技论文31篇，被引频次142次，篇均被引频次4.58次。其中4篇为第一作者，发表期刊最多的是《渔业现代化》（18次）。主要关注点为循环水养殖系统、工厂化养殖、水产养殖、养殖模式、生物滤器等，主要资助基金为国家鲆鲽类产业体系项目（nycytx-50-G04）、国家"十一五"科技支撑计划项目（项目编号：2006BAD03B06）。

2.9.6　会议论文

10年里，共发表中文会议论文60篇，外文会议论文2篇。其中，第一作者发文59篇，占发文总数的98.33%。年度分别情况如表2-203。

表2-203　2001—2011年会议论文数量

年份	2001	2002	2003	2004	2005	2006	2007	2008	2009	2010	2011
发文量（篇）	0	2	8	5	6	1	6	5	12	3	11

第一作者发表的会议文献，来自于23个种类的会议，32个主办单位。频次排名前5

位的会议及主办单位，见表2-203和表2-204。中国水产学会及其主办的中国水产学会年会成为会议文献的最主要的来源。

表2-204　2001—2011年会议主办单位

主办单位	频次（次）
中国水产学会	60
农业部渔业船舶检验局	6
中国水产科学研究院	4
中国微纳米技术学会	2
中国工程院	2
中国纺织科学研究院	2
中国化学会	2

2.9.7　讨论

（1）科技论文的发表可以明显地表现出科研单位及科研人员的研究能力和学科的影响力。科研工作不仅仅在于研究发现新现象或创造发明新事物，也在于整理总结科研的过程，同时对科研过程进行的评价和分析，而科技论文正是基于使用各种文字符号系统地对这一过程进行的描述。科技论文的发表，可以提供给同行甚至交叉学科的读者以最新最快的科研信息，扩大学术交流，为进一步提高科研的水平提供基础。因此，要提高渔机所整体的学术能力和科研水平，就需要加强学术科研成果——科技论文的产出量。统计可知，渔机所科研人员论文产出量较低，大部分科研人员写作意识和写作水平都有待提高。

（2）科研论文不仅需要量，更需要质。上述分析可知，渔机所发表在核心期刊、EI、SCI上的文章相对较少。目前，申请科研基金、晋升职称级别等都对科研人员有相应的考核制度，论文质量有待提高，因此，建议渔机所的管理部门能制定合理的学术评价体系，在鼓励科研人员撰写论文的同时，也需要对其写论文的过程进行适当的指导和帮助，可以利用核心作者群的带动作用，提高全所写作论文的能力。

（3）科技论文的产出更需要稳定而庞大的核心作者群。核心作者群能展示科研成果的延续和衔接。一般分布于高职称、高学位的群体。文献产出方式主要以协同合作方式为主。通过分析可知，核心作者中以第一作者发表的论文相对较少，大多是在合著的论文中。因此，建议核心作者群应多以第一作者发表科研论文，以便更好地提高自身的学术影响力。

（4）论文的发表只是科研成果推广与公布其中的一种方式。论文发表的同时，应该兼顾学术论坛，以交流研究成果。论文是一种文字的描述，而交流更是一种口头的传递。发表论文和学术交流同步进行，可以有效地提高科研成果及学术的影响力。统计显示，渔机所会议论文数量相对较少，需要加强国内、外学术交流与合作，发展国际论文的产出，通过学术论文的交流，参与国内外同行的竞争与合作，从而提升渔机所在国内、外的科研地位。

第3章
基于科研产出的学科竞争力评价
——以水产遗传育种学科为例

3.1　研究背景

3.1.1　目的意义

　　学科建设是科研院所和高等院校的一项具有战略意义的基本建设，是机构可持续发展的生命线。学科评价是机构评估的重要内容，是对科研院所和高等院校科学研究所要达到的目标、价值或效果、效率进行综合评价的过程，是学科建设的重要组成部分，其结果反映学科的现状和水平。学科评价的作用是多方面的，将学科评估结果与学科建设相结合，可以为机构明确学科优势、发现不足和差距、分析学科现状、进行学科规划及有针对性地开展学科建设具有重要意义。

　　作为水产学的基础学科，水产生物的遗传育种研究一直是水产科学研究领域的重点工作之一。中国水产科学研究院作为水产科学研究的国家队，自新中国成立以来，在水产遗传育种研究领域开展了大量的基础和应用研究，引进、培育了一批水产优良新品种，为我国水产养殖业的繁荣做出了积极的贡献。与此同时，国内也有一批同类机构同样致力于该项研究，与中国水产科学研究院在科研上形成合作及竞争关系。本书基于前期课题"中国水产科学研究院学术产出深度分析"的研究，得出与中国水产科学研究院在学术合作较为密切的机构，从中遴选出体量类似且主流学科为渔业水产的中国海洋大学、上海海洋大学和广州海洋大学作为本研究的对比目标机构。本书的研究目标是，为满足产业发展的迫切需求，应对机构对学科建设的高度重视，对中国水产科学研究院及其目标机构的水产遗传育种学科进行学科竞争力评价，从科研生产力、科研影响力、科研卓越性三个方面揭示机构的学科现状，分别从物种和技术两个层面分析学科的优势和薄弱点，以期为中国水产科学研究学科发展规划提供数据支撑，为科研管理决策和学科建设提出建议。

3.1.2　评价方法概述

　　评价工作的首要任务是确定评价目标，学科评价的目标可以是对学科领域的研究热点与趋势的跟踪分析，也可以研究学科研究群体的学术声誉与影响。其评价的重点可以是面向探索事物规律的基础研究，也可以面向成果转化的应用研究。按照其评价的尺度，既可从宏观层面分析世界范围内水产学科的状态，也可从中观层面分析机构间的排名，亦可从微观层面研究水产学科团队或个人的影响。评价的服务对象可以是为管理者决策提供参考，也可以是为科研人员提供借鉴。学科评价是一个综合型、系统型工程，力求大而全地对学科的各个层面进行评价是不可行也不科学的。

目前国内外学科评价花样繁多，国际上，伴随着20世纪80年代世界范围科学评价的兴起，学科评价作为科学评价的一个重要内容，在各国的实际工作中受到关注，THE世界大学排名、QS世界大学排名、《美国新闻与世界报道》美国大学排名、HEEACT世界大学科研论文表现排名等均开展得有声有色，在国内，中华人民共和国教育部、中国管理科学研究院、武汉大学科学评价中心、上海交通大学、立台湾大学也在开展机构或学科竞争力的评价，科学评价已经成为一种快速成长的产业。各机构依据不同需求制定差异性的评价目标，而评价目标和评价指标之间存在复杂的多对多关系，即同一评价指标可以反映多个评价目标，同一评价目标也可以由多种评价指标来反映，因而，在评价目标和评价指标的选取上，不存在一个为各界共同认可的、通用的评价体系，学术价值的评价仍然是困扰中外学术界的共同问题。

纵观各类评价体系，文献计量方法已成为国内外进行学科评价的主流技术手段。它可以提供学科领域组织性、结构性较强的描述数据，弥补定性评价在内容上的局限，在成本和效率方面也存在优越性。教育部学位中心进行学科评估评价科学研究水平所采用的计量指标主要有：国内外代表性学术论文的他引次数及ESI高被引论文情况，SSCI、AHCI、CSSCI、CSCD等收录的学术论文数，专家主观评价的高水平学术论文数等用以评价代表性学术论文质量；国家级和省级自然科学奖、技术发明奖、科学进步奖以及教育部科研奖励评价科学研究获奖情况；出版学术专著和专利情况；973计划、863计划等科技部项目、国家自然科学基金、国家社会科学基金等代表性科研项目情况。武汉大学中国科学评价中心自2004年起每年定期发布多类大学学科竞争力评价排行榜，共分为四类一级指标和七类二级指标，论文发表次数对应科研生产力，论文被引次数、高被引论文数和进入学科排行数对应科研影响力，专利数和热门论文数对应科研创新力，高被引论文占有率对应科研发展力。中国管理科院武书连教授的团队，分自然科学研究和社会科学研究两方面评价科学研究水平，采用的指标主要有国内引文数据库论文及引用、国外引文数据库论文及引用、学术著作引用、艺术作品、专利授权数、科学技术奖、人文社会学奖。台湾大学执行公布的NTU排名，从3个方面、8个指标进行评价，近11年论文数和当年论文数评价学术生产力，仅十一年论文被引次数、近两年论文被引次数、近11年论文平均被引次数评价学术影响力，近两年H指数、高被引论文数、高影响力期刊数评价学术卓越性。中国农科院从2011年起开展科技论文产出及影响力评价研究，其采用的分析评价指标主要有：发文篇数、被引论文篇数、潜在被引指数、篇均被引频次、H指数、专业化指数、平均相对影响因子、平均相对引文数。此外，《泰晤士高等教育》推出的世界大学排名采用了两项文献力量指标：一是发文总量；一是论文引用次数。数据源都是web of science数据库。QS世界大学排名则采用教师论文平均被引用情况作其评价指标之一。

3.2 分析技术

3.2.1 研究方法

1）文献计量法

文献计量法是借助文献的各种特征数量，采用数学与统计学方法采描述、评价和预测科学技术的现状与发展趋势。本文利用文献计量法研究了SCI论文、专利、获奖成果等文献的外部形式特征。

2）内容分析法

内容分析法从定性的同题假设出发，应用定量的统计分析工具对研究对象进行处理。然后从统计数据可分析得出有价值的定性结论，其目的在于揭示文献所含有的隐性情报内容，对事物发展作情报判断，是一种基于定性研究的量化分析。本文利用内容分析法，研究了中国水产科学研究院及其对比机构的技术矩阵，判断本机构的技术优势和技术空白点。

3）引文分析法

科研人员的研究成果一般依赖本领域中同行或前人的工作基础，引文分析法反映的是科学研究对发展新知识所做的显著贡献的大小，其作为一种定量、客观的基本测度方法已经成为科学管理的重要工具。本文利用各种数据及统计学方法，对中国水产科学研究院及目标研究机构SCI论文数量及被引用现象进行比较、分析、归纳、概括，从而分析其数量特征和内在规律。

4）数据统计法

本文采用Stata，Citespace，Excel等软件工具实现数据的处理、统计、制表和绘图。编写STATA代码、录制或编写EXCEL宏程序，实现数据的批量处理，提高数据处理和计算效率。

5）分类标引法

分类标引，又称为归类，是指依据一定的分类语言，对信息资源的内容特征进行分析、判断，赋予分类标识的过程，对文献开发利用具有重要的意义。本文将中国水产科学研究院及其目标研究机构的科研产出首先按照中国水产科学研究院10大学科进行分类，再将其中的水产遗传育种学科科研产出按照物种和技术进行分类。物种分类体系和技术分类体系通过专家调研获得。

3.2.2 主要计量指标

发文篇数：机构发表的论文数量，反映机构基础研究实力。

专利数量：机构所拥有的授权发明专利数量，反映机构的技术创新能力。

成果奖励数量：机构所获得的省部级以上成果奖励数，反映机构综合实力。

被引频次：机构发表论文中被其他科研同行引用的总频次，反映机构对同领域科研人员开展研究的影响及对知识生成和演变的贡献。

成果转让数量：机构的科研成果发生权利转移、转让的数量，反映机构科技成果转化能力。

专利许可转让数：机构授权发明专利发生许可使用或权利转让的数量，反映机构科技成果转化能力。

H指数：机构发表的论文至少有h篇被引频次不低于h次，该指标同时反映机构的科研产出的数量和质量。

高被引论文数：机构发表并被引用次数占全部发文前20%的论文数量，反映机构对同领域研究的引领作用。

高影响力期刊论文数：发表在高影响力期刊的论文数量，高影响力期刊指影响因子在同领域期刊中占前20%的期刊数量，反映机构高质量产出的多少。

3.2.3　数据来源与处理

3.2.3.1　数据来源

论文数据来源于Web of Science(SCI)数据库，论文出版年：2004—2013年；文献类型：Article、Review; 数据检索日期为2014年9月1日。检索式为：AD= ((cafs or chin* same aca* same fish* or yellow sea same fish* or east china sea same fish* or e china sea same fish* or south china sea same fish* or s china sea same fish or heilongjiang fish* or yangtze river fish* or pearl river fish* or zhujiang fish* or freshwater fish* same chinese same res* or fish* mach* same chinese or fish* eng* inst same chin*) OR (ocean same Univ same (zhanjiang or guangdong)) OR ((ocean same Univ same shanghai) OR (fish* same Univ same shanghai)) OR (ocean same Univ same china same (qingdao or shandong)))OR PY=(2004-2013年)，共获得12 437条发文数据。

专利数据来源于soopat专利信息检索平台，采集2004—2013年申请并已授权的发明专利，检索日期为2014年9月16日。检索式为：（SQR：（广东海洋大学 or 湛江海洋大学 or上海海洋大学 or 上海水产大学 or 青岛海洋大学 or 中国海洋大学））AND（LeiXing：（FMSQ）），共获得2 514条专利数据。

成果数据来源于中国科技成果网，采集2009—2013年获得的省级以上成果奖励数量及以转让成果数量，检索日期为2014年9月28日。检索式为：机构＝（广东海洋大学 or 湛江海洋大学 or 上海海洋大学 or 上海水产大学 or 青岛海洋大学 or 中国海洋大学），共检索到205条成果数据。

新品种数据来源于"水产新品种名录"，从中筛选出2004—2013年认定的水产新品种，共得到32条新品种数据。

3.2.3.2 学科分类

进行学科科研竞争力的评价，必须考虑学科分类的问题。分类的前提是明确分类标准，即按照何种分类体系进行分类和评价。现行的学科分类方式主要有：①《学科分类与代码国家标准》，该分类适用于国家宏观管理和科技统计，大学学科评价也多参照此标准执行；②《中国图书馆分类法》，该分类法被图书馆情报机构普遍使用，主要用于图书馆文献分类和检索；③《SCI学科分类》,是汤森路透公司将其平台的文献按照期刊属性分为171个类目，主要用于该平台的文献分类和检索；④《基本科学指标数据库分类》(简称ESI分类），是由世界著名的学术信息出版机构美国科技信息所于2001年推出的衡量科学研究绩效、跟踪科学发展趋势的基本分析评价工具，现已成为当今世界范围内普遍用以评价高校、学术机构、国家、地区国际学术水平及影响力的重要评价指标工具之一，ESI共归纳了22个研究领域。这些分类法可以在一定程度上满足文献分类或检索需求，其中一些分类也可以作为宏观的学科评价分类标准，但直接应用其进行本文的学科评价并不适合。

分析原因主要是，水产生物遗传育种的研究内容具有高度的学科交叉性和主题创新性，现有的学科分类体系一般应用于宏观研究，类目设置较粗，无法准确揭示其内容。本文研究的目标是了解中国水产科学研究院及其目标机构在水产遗传育种学科相关重点热点研究主题的优势和劣势，因此，首先通过专家调查法，确立水产遗传育种学科当前研究的重点或热点主题，然后根据这些主题对水产遗传育种学科进行分类。本文邀请了水产遗传育种领域的5名权威专家，对该问题进行深入讨论，最终确定按照两种方式对水产遗传育种相关科研产出进行分类：其一，是按照物种的方式，分为鱼类、贝类、甲壳类、藻类和其他，如表3-1；其二，是按照技术主题的方式，将研究内容首先分成种质资源收集、保存与评价，育种相关技术，种质资源推广，每项研究内容对应相应的一级技术和二级技术，如表3-2。

表3-1　物种分类类别

物种类别
鱼类
贝类
甲壳类
藻类
其他

表3-2 技术分类类别

	一级技术	二级技术
种质资源收集、保存与评价	收集与保存	冷冻胚胎
		精子冷冻
		细胞冷冻
	鉴定与评价	
	核心群体构建	
	选择育种	家系选育
		群体选育
		BLUP
		个体选择
	杂交育种	种间杂交
		种内杂交
	细胞工程育种	细胞克隆
		雌核发育
		多倍体育种
	基因工程育种	转基因
	分子标记辅助育种	微卫星标记
		SNP
		基因标记
		蛋白标记
		QTL定位
	全基因组选择育种	高通量测序（或全基因组测序）
		精细图谱构建
		QTL定位
		关联性分析
种质资源的推广		

3.2.3.3 人工标引

董琳认为现行的学科分类主要有三种自动分类方式：第一种是，通过著者地址分类。这种分类的问题是分类过于笼统和粗糙，且无法解决作者研究方向变化以及跨学科研究的问题。第二种是，按照文献所在期刊分类，即首先给期刊分配一个类目，然后该期刊所有的文献都归入这个类目下，这是现行最常用的学科分类方式，但这种分类法存在的问题是，如果分类细致，一本期刊可能同时有多个分类号，那同一篇文献就将被归入多个类目下，无法做到准确分类。第三种是，共引聚类或主题词聚类，这种方式只适用于科学映射，且聚类前类目具有不确定性，无法进行有针对性的学科评价。

本书的学科分类体系是特定的，不适用于著者地址分类和聚类等自动分类方式，又因水产育种学科具有很强的学科交叉性和主题创新性，且水产作为大农业的一个分支学科具有很强的对象专指性，也不适用于按照文献所在期刊进行自动分类。因而，借鉴农科院等单位同类课题的研究方法，采用人工标引法进行学科分类，即请学科专家对相关科研产出进行人工分类，以达到目的明确的准确评价。

具体的，本文的人工标引涉及两个步骤，首先，将科研成果按照中国水产科学研究院10大学科进行分类标引，由于学科交叉性，每项成果最多可以被归入三个类目，然后，将其中的水产遗传育种学科科研成果，按照表3-1和表3-2所示的水产遗传育种学科分类进行二级分类，深度解释水产遗传育种学科科研成果的研究主题，每项成果最多可以拥有两个标引号。水产遗传育种是中国水产科学研究院10大学科之一，这样做一方面可以准确地提取出各机构发表的水产遗传育种学科科研成果；另一方面也为下一步研究其他学科积累了基础数据，提高研究效率，节约研究成本。

数据标引是一项科学性、系统性的工作，一方面，要求标引员具有一定的学科专业知识，才能把握文章的研究主题并把其准确分入到相应的类目；另一方面，由于文献条目巨大，需要邀请多个标引员进行标引，标引员在进行文献分类标引时必须有共同遵守的准则，因此制定了水产学科文献分类标引原则。该原则标引员实施标引的基础，但由实际标引过程中涉及许多如概念多指、类目模糊等问题，难以在标引之处完全确定，使不同标引员可能对同一标引问题具有不同理解，因此，文献标引的一个重要过程是试标引，即首先按照分层抽样的方式选出一部分文献，然后让不同标引员依照标引原则同时标引这些文献，从中遴选出有差异的文献，再对这些文献进行仔细的研究必要是咨询学科专家以确定合适的类目，各标引员对这部分易出差错的文献进行统一学习，最终达到分类的统一、规范、保证标引质量。

3.2.4 评价指标设定

设立评价指标首先需要明确评价的目标以及被评价学科的特点，其设计要有具指向性、覆盖面、可操作性。首先，中国是世界水产养殖的第一大国，优良品种对于养殖产量的提高起着十分重要的作用，但渔业内部依然存在基础设施薄弱、养殖方式粗放和水产品质量安全隐患增多等问题，渔业技术储备不足，迫切需要再短期内得到提升，因而应该分别设立短期指标和长期指标，来彰显短期努力的绩效。其次，水产生物育种的核心目标是培育高产、优质、抗逆能力强的经济水生生物优良品种，新品种的培育是一个缓慢而艰辛的过程，一方面要加强对遗传学和其他自然科学的深入研究，另一方面也要注重技术层面的创新发展，因而应该分别设立能够反映不同研究特色的指标。再次，既要考察成果量的积累，以保证主题的覆盖面，促进多个主题共同发展，避免技术空白点对学科发展的阻碍，也要考察质量的优劣，保证科研成果能够有效地服务于生产或对了解科学特征与规律有所贡献，同时，还应关注卓越成果对学科发展的引领及其对机构学术声誉和影响力的影响，因而应该分别设立能够反映研究数量、质量、影响力和卓越性的指标。此外，定量评价的基础数据须是第三方的客观数据，数据必须可获得并且具有持续性，以保证评价方法的客观性以及在成本效率方面的优越性。

综上，本书设立的水产遗传育种学科评价参考指标体系（如图3-1），从三个方面设立了11项评价指标，这三个方面分别是：科研生产力、科研影响力和科研卓越性。科研生产力，主要考虑科研成果产出数量方面的能力，包括：当年论文数量、近10年论文数量、近10年授权发明专利的数量、近10年认定的新品种数量、近5年获得省部级以上奖励成果的数量。科研影响力，主要考虑科研成果对他人研究的促进以及科研成果的转移转化情况，包括近2年论文的被引次数、近10年论文的被引次数、近5年成果的转让数量、近10年专利许可和转让数。科研卓越性，主要考虑科研成果对渔业领域的突出贡献和引领作用，包括近2年论文的H指数、近10年高被引论文数、近2年高影响力期刊论文数、近2年获国家级科学技术奖励数。

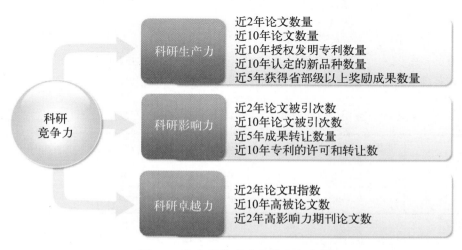

图3-1　水产遗传育种评价指标体系

3.3 学科竞争力评价

3.3.1 总述

本次评价的目标是在研究中国水产科学研究院水产遗传育种学科在国内相关研究机构中所处的位置，综合比较同类研究机构，寻找中国水产科学研究院水产遗传育种学科的优势领域和劣势领域。按照第3.2.1章节所述研究方法，本研究整理并析出的中国水产科学研究院、中国海洋大学、上海海洋大学和广东海洋大学水产遗传育种学科数据集如下：近10年SCI论文数据集包含记录302条，近10年授权发明专利数据集包含记录122条，近5年省部级以上奖励数据14条，近5年已转让成果数据2条，近10年新品种数据32条。研究发现，我院水产遗传育种学科在科研生产力、科研影响力、科研卓越性方面均具有不错的表现，总体上，科研生产力方面，技术应用类研究实力表现突出，基础研究实力略低于中国海大，但短期进步明显。科研影响力方面，基础研究影响力相比中国海大略弱，但部分研究领域影响力优势明显，在成果转化方面影响力优于其它各机构。科研卓越性表现优异，在综合反映研究质量和数量的H指数得分最高，高被引论文数量指标表现略低于中国海大，发表在高水平期刊上的论文数量与中国海大平持平。具体的，中国水产科学研究院水产遗传育种学科在各物种和各研究技术领域上的竞争力优势和薄弱点，如下详述。

3.3.2 科研生产力

3.3.2.1 近10年论文数量

统计分析中国水产科学研究院及其目标机构近10年论文数量分布，如表3-3，可见，近10年，中国水产科学研究院论文数量排名第二，总计111篇，中国海洋大学略高于中国水产科学研究院为135篇，上海海洋大学50篇，广东海洋大学5篇。

表3-3 各机构近10年水产遗传育种学科论文数量及占比

	中国水产科学研究院	中国海洋大学	上海海洋大学	广东海洋大学
论文数量（篇）	111	135	50	5
百分比	37%	45%	17%	2%

按照水产生物常见的四类研究对象，对中国水产科学研究院及其目标研究机构的论文数量进行分类和统计。从机构角度讲，中国水产科学研究院在鱼类育种方面表

现突出，甲壳类育种表现也不俗。中国海洋大学的鱼类育种和贝类育种较该机构其他育种保持较强优势，各领域研究实力相对于其他机构表现更加均衡。中国海洋大学的鱼类育种具有较强优势，其他物种育种也略有涉及。广东海洋大学仅在贝类育种方面有相关研究。从物种角度讲，整体上鱼类育种研究相对于其他领域表现最为突出，其中，中国水产科学研究院具有最强竞争力，其科研论文数量达到73篇，是中国海洋大学的1.6倍，上海海洋大学的2.3倍；贝类和甲壳类研究整体研究实力相当，贝类育种中，中国海洋大学优势突出，文献量达43篇，其他机构则不足10篇。甲壳类育种中，中国水产科学研究院和中国海洋大学在该领域保持领先，中国水产科学研究院优势最为明显。藻类研究相对较少，中国海洋大学发文量具有比较优势，共15篇。从表3-4可以看出，中国水产科学研究院的鱼类育种在整个水产遗传育种学科表现最为突出。

表3-4　各机构近10年水产遗传育种学科论文物种分布

单位：篇

	中国水产科学研究院	中国海洋大学	上海海洋大学	广东海洋大学
鱼类	73	45	32	0
贝类	4	43	6	5
甲壳类	25	15	3	0
藻类	6	15	7	0
其他	3	17	2	0

　　按照水产遗传育种的技术领域，可以将其分为三大类：种质资源收集保存与评价，育种技术和种质资源推广。从表3-5可知，四个机构均以育种技术作为本机构的优势研究领域，其中国海洋大学的表现最为突出，中国水产科学研究院次之。种质资源收集保存与评价领域，中国水产科学研究院则相对优于其他机构。种质资源推广方面则未有论文发表。

表3-5　各机构近10年水产遗传育种学科论文技术分布（一）

单位：篇

	中国水产科学研究院	中国海洋大学	上海海洋大学	广东海洋大学
种质资源收集保存与评价	34	29	13	2
育种技术	68	96	31	3
其他水产遗传育种	16	19	9	0

　　细化各研究领域所涉及的技术主题，按其统计各机构的SCI发文量，可以对各机构学科结构进行比较。如表3-6。从本机构学科结构上分析，中国水产科学研究院的优势研究领域主要有分子标记辅助育种、种质资源收集保存、细胞工程育种、种质资源的鉴定与评价、选择育种技术。中国海洋大学的优势研究领域主要是分子标记辅助育种、基因工程育种、种质资源的鉴定与评价、杂交育种、细胞工程育种。上海海洋大学的优势领域则是分子标记辅助育种和种质资源的鉴定与评价。广东海洋大学则在种质资源鉴定与评价、杂交育种和选择育种方面有少量论文发表。各机构在不同的研究领域方面各有侧重，分子标记辅助育种是各机构共同的优势研究领域，中国水产科学研究院在种质资源收集与保存、选择育种、细胞工程育种三个领域与其他机构相比具有比较优势，中国海洋大学在种质资源鉴定与评价、杂交育种、基因工程育种、分子标记育种、全基因组选择育种等方面成为行业领先。

表3-6　各机构近10年水产遗传育种学科论文技术分布（二）

单位：篇

		中国水产科学研究院	中国海洋大学	上海海洋大学	广东海洋大学
种质资源收集保存与评价	收集与保存	21	8	4	0
	鉴定与评价	12	20	9	2
	核心群体构建	1	1	0	0
育种技术	选择育种	10	4	5	1
	杂交育种	3	12	3	2
	细胞工程育种	13	11	3	0
	基因工程育种	4	21	3	0
	分子标记辅助育种	37	48	17	0
	全基因组选择育种	9	10	5	0
	其他育种技术	3	1	1	0
其他		16	19	9	0

　　为了进一步细化分析学术研究的优势，本文将各研究领域按技术分类，统计中国水产科学研究院与其目标机构的SCI论文数量。从表3-7可以看出，微卫星技术在水产遗传育种领域最为活跃，中国水产科学研究院、中国海洋大学和上海海洋大学均以该技术为优势研究领域。相对于其他机构，中国水产科学研究院的优势技术主要有精子冷冻、BLUP选择育种、雌核发育和QTL定位，中国海洋大学的优势技术则体现在种质资源鉴定与评价、种间杂交育种、微卫星标记育种、SNP育种。

表3-7 各机构近10年水产遗传育种学科论文技术分布（三）

单位：篇

			中国水产科学研究院	中国海洋大学	上海海洋大学	广东海洋大学
种质资源收集保存与评价	收集与保存	冷冻胚胎	4	0	1	0
		精子冷冻	15	6	3	0
		细胞冷冻	0	2	0	0
		其他	2	0	0	0
	鉴定与评价		12	19	9	2
	核心群体构建		1	1	0	0
育种技术	选择育种	家系选育	1	0	2	1
		群体选育	1	0	0	0
		BLUP	6	3	1	0
		其他	2	1	2	0
	杂交育种	种间杂交	3	9	2	0
		种内杂交	0	4	1	2
	细胞工程育种	细胞克隆	1	3	0	0
		雌核发育	11	3	2	0
		多倍体育种	0	3	2	0
		其他	1	2	0	0
	基因工程育种	转基因育种	2	2	0	0
		其他	2	18	2	0
	分子标记辅助育种	微卫星标记	22	29	10	0
		SNP	5	11	1	0
		基因标记	0	2	1	0
		QTL定位	6	4	2	0
		其他	8	3	6	0
	全基因组选择育种	精细图谱构建	8	9	3	0
		QTL定位	0	1	0	0
		关联性分析	0	0	2	0
		其他	1	0	0	0
	其他育种技术		3	1	0	0
其他			16	19	9	0

3.3.2.2 近两年论文数量

统计分析中国水产科学研究院及其目标机构近两年论文数量分布，了解近期各机构水产遗传育种学科的学术表现。近两年，水产遗传育种学科论文量占近10年论文量的36%，各研究机构论文量普遍增长迅速。从表3-8可以看出，表现最为突出的是中国水产科学研究院，其水产遗传育种论文量已经从第二位跃居到第一位，约占四个机构论文总量的42%。中国海洋大学论文量与其相当，上海海洋大学排名第三，发文量为19篇。

表3-8 各机构近两年水产遗传育种学科论文数量及占比

	中国水产科学研究院	中国海洋大学	上海海洋大学	广东海洋大学
论文数量（篇）	45	44	19	0
百分比	42%	41%	18%	0%

按物种分类，统计各机构SCI论文数量，如表3-9。与近10年论文情况类似，各机构自身的学科优势分别为，中国水产科学研究院在鱼类和甲壳类方面优势突出，中国海洋大学在鱼类和贝类方面优势明显，上海海洋大学的优势也为鱼类。从表3-10各机构近两年论文数量占近10年的比例可以看出，各机构的学科研究重点并非一成不变，总体来讲，各机构鱼类研究均保持与总体增速持平的速度增长，贝类的研究均有所加强，上海海洋大学仍保持着其贝类研究的优势，其贝类研究已占近10年的83%。近两年，中国水产科学研究院的藻类研究优势增加明显，中国海洋大学的优势减弱。甲壳类研究中，中国水产科学研究院在绝对数量上和增长速度方面均保持较强优势。

表3-9 各机构近两年年水产遗传育种学科论文物种分布

单位：篇

	中国水产科学研究院	中国海洋大学	上海海洋大学	广东海洋大学
鱼类	26	16	12	0
贝类	2	17	5	0
甲壳类	11	3	1	0
藻类	4	3	1	0
其他	2	5	0	0

表3-10 各机构近两年水产遗传育种学科论文占近10年论文量比例

	中国水产科学研究院	中国海洋大学	上海海洋大学	广东海洋大学
鱼类	36%	36%	38%	0%
贝类	50%	40%	83%	0%

	中国水产科学研究院	中国海洋大学	上海海洋大学	广东海洋大学
甲壳类	44%	20%	33%	0%
藻类	67%	20%	14%	0%
其他	67%	29%	0%	0%

按技术分类，统计各机构论文数量，如表3-11。与近10年统计结果相似，育种技术仍然是各机构研究的活跃领域。中国海洋大学和中国水产科学研究院保持其在育种技术领域的研究优势，同时，上海海洋大学近两年育种技术研究论文占其近10年发表论文的50%，说明虽然上海海洋大学育种技术研究相对薄弱，但近两年进步速度较快。

表3-11　各机构近两年水产遗传育种学科论文技术分布（一）

单位：篇

	中国水产科学研究院	中国海洋大学	上海海洋大学	广东海洋大学
种质资源收集保存与评价	10	7	2	0
育种技术	28	38	15	0
其他水产遗传育种	11	2	3	0

按二级研究领域分类，分析各机构近两年水产遗传育种的研究态势，如表3-12。近两年，中国水产科学研究院的优势领域为分子标记辅助育种、种质资源鉴定与评价、全基因组选择育种、选择育种。中国海洋大学的优势领域为基因工程育种、种质资源鉴定与评价、分子标记辅助育种。上海海洋大学的优势领域是分子标记辅助育种。与近10年论文积累情况比较，可以发现，无论从长期还是短期看，分子标记辅助育种都是各机构的研究热点，近10年论文总量以中国海洋大学为最高，而近两年中国水产科学研究院在该领域表现突出，近两年论文量已经超过了中国海洋大学。上海海洋大学也加强了该方面的研究，近两年论文量为近10年的76%，近两年论文量也已经与中国海洋大学持平。另一个值得注意的研究领域是基因工程育种，上海海洋大学近两年的基因工程育种达19篇，占近10年论文总量的90%。

表3-12　各机构近两年水产遗传育种学科论文技术分布（二）

单位：篇

		中国水产科学研究院	中国海洋大学	上海海洋大学	广东海洋大学
种质资源收集保存与评价	收集与保存	4	0	1	0
	鉴定与评价	6	7	1	0

续表3-12

		中国水产科学研究院	中国海洋大学	上海海洋大学	广东海洋大学
育种技术	选择育种	4	1	1	0
	杂交育种	0	3	0	0
	细胞工程育种	2	2	1	0
	基因工程育种	2	19	1	0
	分子标记辅助育种	19	12	13	0
	全基因组选择育种	5	3	3	0
	其他育种技术	1	0	0	0
其他		11	2	3	0

进一步细化分析学术研究优势，近两年中国水产科学研究院与中国海洋大学、上海海洋大学、广东海洋大学的学术研究优势各不相同，中国水产科学研究院的优势主要在于微卫星标记、SNP、QTL定位的辅助育种等方面，而在家系选育、杂交育种、多倍体育种方面则未有论文发表。上海海洋大学的SNP研究也相当活跃，其在种内杂交、种间杂交育种、多倍体育种等几个其他机构未有论文发表的领域也有论文产出。上海海洋大学的微卫星标记辅助育种近两年进步飞快，占近10年论文总量的80%。对比表3-13和表3-7，可以发现，近两年的研究领域较近10年更加趋于集中，各机构在当前的研究热点投入更大的力量，比如分子标记辅助育种。

表3-13　各机构近两年水产遗传育种学科论文技术分布（三）

单位：篇

			中国水产科学研究院	中国海洋大学	上海海洋大学	广东海洋大学
种质资源收集保存与评价	收集与保存	冷冻胚胎	1	0	0	0
		精子冷冻	3	0	1	0
	鉴定与评价		6	6	1	0
育种技术	选择育种	家系选育	0	0	1	0
		群体选育	1	0	0	0
		BLUP	3	1	0	0
	杂交育种	种间杂交	0	2	0	0
		种内杂交	0	1	0	0
	细胞工程育种	雌核发育	2	1	1	0
		多倍体育种	0	1	0	0

			中国水产科学研究院	中国海洋大学	上海海洋大学	广东海洋大学
育种技术	基因工程育种	转基因育种	1	2	0	0
		其他	1	17	1	0
	分子标记辅助育种	微卫星标记	9	4	8	0
		SNP	4	5	1	0
		基因标记	0	0	1	0
		QTL定位	4	3	2	0
		其他	4	0	3	0
	全基因组选择育种	精细图谱构建	5	2	3	0
		QTL定位	0	1	0	0
	其他育种技术		1	0	0	0
其他			11	2	3	0

3.3.2.3　近10年授权发明专利数量

统计分析近10年水产遗传育种授权发明专利数量，如表3-14。可以看出，获得发明专利授权最高的是中国水产科学研究院，数量为93项，占四所机构发明专利总量的76%，显著高于其他三所机构。中国海洋大学排名第二，上海海洋大学排名第三，广东海洋大学仅有一项水产遗传育种的授权专利。

表3-14　各机构近10年水产遗传育种学科专利数量及占比

	中国水产科学研究院	中国海洋大学	上海海洋大学	广东海洋大学
专利数量（项）	93	19	9	1
百分比	76%	16%	7%	1%

按物种分类，统计各机构水产遗传育种授权专利数量，如表3-15。从机构角度上分析，中国水产科学研究院的优势研究领域是鱼类，其次是甲壳类，贝类藻类相对弱于其他物种。中国海洋大学的优势研究领域是贝类，其总体授权专利数小于中国水产科学研究院，但贝类授权专利数量和藻类授权专利数量均高于中国水产科学研究院，甲壳类是其相对弱势的研究领域。上海海洋大学在鱼类、甲壳类、贝类方面均有涉及，但数量较少。

表3-15　各机构近10年水产遗传育种学科专利物种分布

单位：项

	中国水产科学研究院	中国海洋大学	上海海洋大学	广东海洋大学
贝类	3	11	1	1
甲壳类	20	0	3	0
鱼类	66	4	5	0
藻类	1	4	0	0
其他	3	0	0	0

从技术分类看，如表3-16所示，中国水产科学研究院在水产遗传育种涉及的各个阶段均有专利授权，其中育种技术相关专利最高，种质资源保存与评价方面其次，最少的是种质资源推广。中国海洋大学和上海海洋的学均在育种技术和种质资源收集保存与评价方面有专利授权，育种技术专利数量具有比较优势。

表3-16　各机构近10年水产遗传育种学科专利技术分布（一）

单位：项

	中国水产科学研究院	中国海洋大学	上海海洋大学	广东海洋大学
种质资源收集保存与评价	30	5	3	0
育种技术	66	13	6	1
种质资源的推广	3	0	0	0
其他	1	0	0	0

细化技术分类进行统计，如表3-17。可以发现，在任意技术领域，中国水产科学研究院都具有突出优势，其在选择育种领域的优势最大，专利授权总量达28篇，其次是分子标记辅助育种，授权量达23篇，再次是种质资源的鉴定与评价，达20篇。中国海洋大学在分子标记辅助育种、细胞工程育种、选择育种、杂交育种、种质资源鉴定与评价方面有专利授权，其中细胞工程育种方面与中国水产科学研究院持平。上海海洋大学在选择育种、分子标记辅助育种和种质资源鉴定与评价方面有专利授权。

进一步细化各技术领域，如表3-18，可以发现中国水产科学研究院相对于其他机构在各项育种技术方面都具有优势，分子标记辅助育种方面的微卫星标记技术具有最高专利授权量，传统的家系选育、群体选育、种间杂交也是专利授权的热点领域。需要注意的是，中国水产科学研究院在精子冷冻技术、种间杂交领域表现出突出优势，其他机构该领域专利授权量均为零。从学科结构上看，中国水产科学研究院的学科结构更加均衡，基本上在各研究均有专利授权，中国海洋大学次之，但授权量少于中国水产科学研究院。上海海洋大学近期在种质资源鉴定与评价、家系选育、基因标记方面具有少量专利授权。

表3-17　各机构近10年水产遗传育种学科专利技术分布（二）

单位：项

		中国水产科学研究院	中国海洋大学	上海海洋大学	广东海洋大学
种质资源收集保存与评价	收集与保存	9	1	0	0
	鉴定与评价	18	4	3	0
	其他	1	0	0	0
育种技术	选择育种	28	2	4	1
	杂交育种	9	2	0	0
	细胞工程育种	4	4	0	0
	基因工程育种	1	0	0	0
	分子标记辅助育种	23	5	2	0
	全基因组选择育种	1	0	0	0
	其他育种技术	1	0	0	0
种质资源的推广		3	0	0	0
其他		2	0	0	0

表3-18　各机构近10年水产遗传育种学科专利技术分布（三）

单位：项

			中国水产科学研究院	中国海洋大学	上海海洋大学	广东海洋大学
种质资源收集保存与评价	收集与保存	冷冻胚胎	1	0	0	0
		精子冷冻	8	0	0	0
		细胞冷冻	0	1	0	0
	鉴定与评价		18	4	3	0
	其他		1	0	0	0
育种技术	选择育种	家系选育	12	1	3	0
		群体选育	7	0	1	1
		BLUP	1	0	0	0
		其他	8	1	0	0

续表3-18

			中国水产科学研究院	中国海洋大学	上海海洋大学	广东海洋大学
育种技术	杂交育种	种间杂交	7	0	0	0
		种内杂交	2	2	0	0
	细胞工程育种	细胞克隆	1	1	0	0
		雌核发育	1	1	0	0
		多倍体育种	2	2	0	0
	基因工程育种	转基因育种	1	0	0	0
	分子标记辅助育种	微卫星标记	16	3	0	0
		SNP	3	1	0	0
		基因标记	1	0	1	0
		其他	3	1	1	0
	全基因组选择育种	精细图谱构建	1	0	0	0
	其他		1	0	0	0
种质资源的推广			3	0	0	0
其他			2	0	0	0

3.3.2.4　近5年获得省部级以上成果奖励数量

总体上讲，各机构获得省部级以上育种成果较少，如表3-19。中国水产科学研究院最多有10项，中国海洋大学1项，上海海洋大学2项。

表3-19　各机构近5年水产遗传育种学科获奖成果数量及占比

	中国水产科学研究院	中国海洋大学	上海海洋大学
成果数量（项）	10	1	2
百分比	77%	7%	15%

按物种分类，如表3-20，中国水产科学研究院的鱼类获奖成果最多，其次是甲壳类动物。中国海洋大学有1项贝类获奖成果，上海海洋大学有贝类和藻类各1项成果。

表3-20　各机构近5年水产遗传育种学科获奖成果物种分布

单位：项

	中国水产科学研究院	中国海洋大学	上海海洋大学
鱼类	6	0	0
贝类	1	1	1
甲壳类	2	0	0
藻类	0	0	1
其他	1	0	0

按技术领域分类，如表3-21，中国水产科学研究院的育种技术类成果最多，其他两类也有涉及。中国海洋大学的一项获奖成果是关于育种技术的，上海海洋大学则为三个领域各1项。

表3-21　各机构近10年水产遗传育种学科获奖成果技术分布（一）

单位：项

	中国水产科学研究院	中国海洋大学	上海海洋大学
种质资源收集保存与评价	3	0	1
育种技术	8	1	1
种质资源的推广	1	0	1

细化技术领域统计，如表3-22，中国水产科学研究院的获奖成果主要集中于分子标记辅助育种和杂交育种，在种质资源收集与保存、鉴定与评价、选择育种、杂交育种、细胞工程育种等方面也均有获奖成果。中国海洋大学的获奖成果属于细胞工程育种。上海海洋大学的获奖成果属于细胞工程育种和种质资源鉴定与评价。

表3-22　各机构近10年水产遗传育种学科获奖成果技术分布（二）

单位：项

		中国水产科学研究院	中国海洋大学	上海海洋大学
种质资源收集保存与评价	收集与保存	2	0	0
	鉴定与评价	1	0	1
育种技术	选择育种	2	0	0
	杂交育种	3	0	0
	细胞工程育种	0	1	1
	分子标记辅助育种	4	0	0
种质资源的推广		1	0	1

进一步了解获奖成果所涉及的具体技术分布，如表3-23，可以发现，中国水产科学研究院的获奖成果的技术领域主要集中于微卫星标记领域，在种质资源收集与保存、鉴定与评价、个体选择、中间杂交、种内杂交以及种质资源推广方面均有获奖成果。中国海洋大学的获奖成果属多倍体育种，上海海洋大学的获奖成果则属于种质资源鉴定与评价以及细胞克隆领域。中国水产科学研究院获奖成果最多，但细胞克隆领域与多倍体育种领域未有获奖成果，而中国海洋大学和上海海洋大学则在这两个领域分别有一项省级以上获奖成果。

表3-23　各机构近10年水产遗传育种学科获奖成果技术分布（三）

单位：项

			中国水产科学研究院	中国海洋大学	上海海洋大学
种质资源收集保存与评价	收集与保存		2	0	0
	鉴定与评价		1	0	1
育种技术	选择育种	个体选择	1	0	0
		其他	1	0	0
	杂交育种	种间杂交	2	0	0
		种内杂交	1	0	0
	细胞工程育种	细胞克隆	0	0	1
		多倍体育种	0	1	0
	分子标记辅助育种	微卫星标记	3	0	0
		其他	0	0	0
种质资源的推广			1	0	1

3.3.2.5　新品种数

近10年，各机构经认定的水产新品种如表3-24。 中国水产科学研究院占据半壁江山，共计17项。中国海洋大学数量位于第二，有9项。上海海洋大学数量位于第三，有6项。广东海洋大学没有新品种。

表3-24　各机构近10年认定的水产新品种

	中国水产科学研究院	中国海洋大学	上海海洋大学
新品种数（项）	17	9	6
占比	52%	27%	18%

按物种分布，如表3-25，中国水产科学研究院的鱼类新品种最多，其次是甲壳类新品种。中国海洋大学在藻类和贝类具有优势。上海海洋大学鱼类、贝类、藻类均有新品种，但新品种数量不突出。

表3-25　各机构新品种数按品种分布

单位：项

	中国水产科学研究院	中国海洋大学	上海海洋大学
鱼类	12	0	3
贝类	0	4	1
甲壳类	4	0	0
藻类	1	5	2
其他	0	0	0

按技术分类，如表3-26，各机构新品种的育种技术主要集中四类，分别是选择育种、杂交育种、细胞工程育种、分子标记辅助育种。其中中国水产科学研究院通过选择育种培育的新品种数量最大，在细胞工程育种、分子标记辅助育种和杂交育种方面均较其他机构具有优势。中国海洋大学通过选择育种培育的新品种也较多，其他技术也略有涉及。

表3-26　各机构新品种技术分布（一）

单位：项

	中国水产科学研究院	中国海洋大学	上海海洋大学
选择育种	12	8	4
杂交育种	7	4	2
细胞工程育种	3	1	0
分子标记辅助育种	3	1	0

细化技术分类，如表3-27。中国水产科学研究院的新品种优势主要在于群体选育和种间杂交。在雌核发育方面，也较其他机构具有较大优势。各机构培育的新品种普遍采用了群体选育技术和种间杂交技术，一些育种采用的是传统育种与现代分子生物学育种相结合的方式。

表3-27　各机构新品种技术分布（二）

单位：项

			中国水产科学研究院	中国海洋大学	上海海洋大学
育种技术	选择育种	群体选育	9	3	4
		家系选育	2	2	
		BLUP	1	1	
		个体选择		1	
		其他		1	
	杂交育种	种间杂交	7	3	2
		其他		1	
	细胞工程育种	雌核发育	3	1	
	分子标记辅助育种	QTL定位	1		
		其他	2	1	

3.3.3　科研影响力

3.3.3.1　近10年论文被引次数

论文的总被引频次，如表3-28反映机构对于该领域相关研究知识发展的贡献和影响。中国海洋大学排名第一，其次是中国水产科学研究院，上海海洋大学和广东海洋大学分列第三、第四位。

表3-28　各机构近10年论文总被引次数

	中国水产科学研究院	中国海洋大学	上海海洋大学	广东海洋大学
总被引频次（次）	524	852	263	11
占比	32%	52%	16%	1%

按物种分类，如表3-29，鱼类研究的总被引频次最高，其中，中国水产科学研究鱼类被引频次最高。中国海洋大学的贝类研究总被引频次为第二位，影响力其次。从学科结构上讲，中国水产科学研究院的影响力研究领域为鱼类和甲壳类动物，中国海洋大学的影响力学科主要为贝类和鱼类，相比其他机构，其学科分布更加均衡。上海海洋大学的影响力学科为鱼类学科。

表3-29 各机构近10年论文被引频次物种分布

单位：次

	中国水产科学研究院	中国海洋大学	上海海洋大学	广东海洋大学
鱼类	396	255	187	0
贝类	1	316	8	11
甲壳类	115	81	34	0
藻类	11	77	21	0
其他	1	123	13	0

按技术主题分类，如表3-30，三个机构均为育种技术领域总被引频次最高，其中中国海洋大学较其他机构具有比较优势。种质资源收集保存与评价领域，中国水产科学研究院与中国海洋大学总被引频次相近，较上海海洋大学和广东海洋大学具有比较优势。

表3-30 各机构近10年论文总被引次数技术分布（一）

单位：次

	中国水产科学研究院	中国海洋大学	上海海洋大学	广东海洋大学
种质资源收集保存与评价	210	209	91	6
育种技术	293	484	152	5
其他	29	210	29	0

按下一级技术主题分类，如表3-31，可以发现。各机构在总影响力方面优势各有不同，在种质资源收集保存与评价领域，中国水产科学研究院在收集与保存研究主题更具优势，中国海洋大学则在鉴定与评价方面更具影响力。育种技术领域，中国海洋大学在分子标记辅助育种，基因工程育种，全基因组选择育种，杂交育种等主题具有更高的影响力，中国水产科学研究院的优势则表现在细胞工程育种和选择育种领域。

表3-31 各机构近10年论文总被引次数技术分布（二）

单位：次

		中国水产科学研究院	中国海洋大学	上海海洋大学	广东海洋大学
种质资源收集保存与评价	收集与保存	171	45	48	0
	鉴定与评价	23	153	43	6
	核心群体构建	16	11	0	0

续表3-31

		中国水产科学研究院	中国海洋大学	上海海洋大学	广东海洋大学
育种技术	选择育种	24	11	21	0
	杂交育种	14	42	6	5
	细胞工程育种	69	43	33	0
	基因工程育种	12	52	36	0
	分子标记辅助育种	187	328	119	0
	全基因组选择育种	63	127	24	0
	其他育种技术	10	9	0	0
其他		29	210	29	0

进一步细化技术分类，如表3-32，可以发现，在种质资源鉴定领域，中国水产科学研究院的冷冻胚胎和精子冷冻技术对其他机构具有更强的影响力，而中国海洋大学的影响力则体现在鉴定与评价领域。在育种技术方面，中国水产科学研究院的BLUP技术和雌核发育技术表现出更强的优势，中国海洋大学的影响力优势则体现在种间杂交、种内杂交、微卫星标记、基因标记和精细图谱构建，上海海洋大学的优势则体现在多倍体育种方面。

表3-32 各机构近10年论文总被引次数技术分布（三）

单位：次

			中国水产科学研究院	中国海洋大学	上海海洋大学	广东海洋大学
种质资源收集保存与评价	收集与保存	冷冻胚胎	47	0	2	0
		精子冷冻	117	43	46	0
		细胞冷冻	0	2	0	0
		其他	7	0	0	0
	鉴定与评价		23	153	43	6
	核心群体构建		16	11	0	0
育种技术	选择育种	家系选育	1	0	3	0
		群体选育	0	0	0	0
		BLUP	23	8	2	0
		其他	0	3	16	0
	杂交育种	种间杂交	14	28	6	0
		种内杂交	0	14	0	5

			中国水产科学研究院	中国海洋大学	上海海洋大学	广东海洋大学
育种技术	细胞工程育种	细胞克隆	17	24	0	0
		雌核发育	51	7	15	0
		多倍体育种	0	7	18	0
		其他	1	5	0	0
	基因工程育种	转基因育种	2	0	0	0
		其他	10	52	36	0
	分子标记辅助育种	微卫星标记	76	177	38	0
		SNP	15	44	8	0
		基因标记	4	43	4	0
		QTL定位	24	35	3	0
		其他	68	29	66	0
	全基因组选择育种	精细图谱构建	58	127	14	0
		QTL定位	0	0	0	0
		关联性分析	0	0	10	0
		其他	5	0	0	0
	其他育种技术		10	9	0	0
其他			29	210	29	0

3.3.3.2　近两年论文被引次数

2012—2013年发表论文的被引情况，反映近期各机构论文的影响力，如表3-33。中国海洋大学被引频次最高，中国水产科学研究院被引频次其次，低于中国海洋大学6篇。上海海洋大学引频次第三。广东海洋大学没有被引论文。

表3-33　各机构近两年论文被引次数

	中国水产科学研究院	中国海洋大学	上海海洋大学
被引次数（次）	81	87	53
比例	37%	39%	24%

按物种分布，如表3-34，可以看出，中国水产科学研究院在甲壳类和鱼类的被引频次均超过其他机构，但在贝类方面被引频次为零。中国海洋大学的影响力优势则体现在贝类上。上海海洋大学在贝类、甲壳类和鱼类方面均发生被引，各学科对外影响力较均衡。

表3-34　各机构近两年论文被引次数物种分布

单位：次

	中国水产科学研究院	中国海洋大学	上海海洋大学
贝类	0	48	6
甲壳类	25	7	20
鱼类	54	16	26
藻类	1	8	1
其他	1	8	0

按技术类别分类，统计被引频次如表3-35。育种技术是各机构更加具备影响力的领域，其中以中国海洋大学优势最为突出。

表3-35　各机构近两年论文被引频次技术分布（一）

单位：次

	中国水产科学研究院	中国海洋大学	上海海洋大学
种质资源收集保存与评价	4	7	1
育种技术	93	102	84
其他育种技术	11	0	6

细化技术分类，如表3-36。从表中可以发现，上海海洋大学的优势集中于分子标记辅助育种方面，占其全部被引频次的82%。中国水产科学研究院的影响力优势领域，为分子标记辅助育种、全基因选择育种。中国海洋大学的影响力优势领域为基因工程育种和分子标记辅助育种。中国水产科学研究院和中国海洋大学在多个技术领域均有被引发生。

表3-36　各机构近两年论文被引频次技术分布（二）

单位：次

		中国水产科学研究院	中国海洋大学	上海海洋大学
种质资源收集保存与评价	收集与保存	0	0	0
	鉴定与评价	4	7	1
育种技术	选择育种	6	2	2
	杂交育种	0	2	0
	细胞工程育种	8	2	0
	基因工程育种	5	41	1
	分子标记辅助育种	46	37	67
	全基因组选择育种	27	18	14
	其他	1	0	0
		11	0	6

进一步细化技术分类，如表3-37。中国水产科学研究院最高影响力的技术领域为精细图谱构建，另外在分子标记辅助育种的微卫星标记、SNP、QTL定位等都有较高的被引。中国海洋大学的情况与中国水产科学研究院相似，但在基因工程育种方面具有更高的影响力。上海海洋大学在微卫星标记方面具有显著的影响力。

表3-37　各机构近两年论文被引频次技术分布（三）

单位：次

			中国水产科学研究院	中国海洋大学	上海海洋大学
种质资源收集保存与评价	收集与保存	冷冻胚胎	0	0	0
		精子冷冻	0	0	0
	鉴定与评价	其他	4	7	1
育种技术	选择育种	家系选育	0	0	2
		群体选育	0	0	0
		BLUP	6	2	0
	杂交育种	种间杂交	0	2	0
		种内杂交	0	0	0
	细胞工程育种	雌核发育	8	2	0
		多倍体育种	0	0	0
	基因工程育种	转基因育种	0	0	0
		其他	5	41	1
	分子标记辅助育种	微卫星标记	11	10	30
		SNP	10	11	3
		基因标记	0	0	1
		QTL定位	13	16	11
		其他	12	0	22
	全基因组选择育种	精细图谱构建	27	18	14
		QTL定位	0	0	0
	其他		1	0	0
其他			11	0	6

3.3.3.3　近5年转让成果数

成果的转移转让，可以从一定程度上反映科研产出被产业的接受情况和应用情况。近5年的转让成果，仅有两项发生转让，其中国水产科学研究院1项，上海海洋大学1项。中国水产科学研究院的转让成果为"金乌贼（Sepia esculenta）人工繁育及养殖技术"属于种质资源推广领域，另1项是上海海洋大学的"蛤、蚶、蛏等高产、抗逆品种的培育"，属于贝类的育种技术。

3.3.3.4　近10年专利许可转让数

近10年发生许可转让的专利仅2项，且均属于中国水产科学研究院。2篇专利均关于甲壳类动物：1篇是关于青虾的种内杂交；1篇是关于对虾的BLUP育种。其他机构未有发生许可转让的育种领域发明专利。

3.3.4　科研卓越性

3.3.4.1　近两年论文H指数

H指数（H index）是一个混合量化指标，可用于综合评估学术产出数量与学术产出水平。H代表"高引用次数"（high citations），一个机构的H指数是指它至多有h篇论文分别被引用了至少h次。H指数能够比较准确地反映一个机构的学术成就。一个机构的H指数越高，则表明它的论文数量和影响力综合水平越大。中国水产科学研究院的论文H指数最高，为6。中国海洋大学和上海海洋大学的H指数均为4（表3-38）。

表3-38　各机构近两年论文H指数

	中国水产科学研究院	中国海洋大学	上海海洋大学
H指数	6	4	4

按物种分类，如表3-39，中国水产科学研究院的H指数最高的物种为鱼类，其次是甲壳类。中国海洋大学H指数最高的物种则为贝类，其各个物种更加均衡，上海海洋大学H指数最高的物种为鱼类。

表3-39　各机构近两年论文H指数物种分布

	中国水产科学研究院	中国海洋大学	上海海洋大学
鱼类	5	2	3
贝类	0	3	2
甲壳类	3	2	1
藻类	1	2	1
其他	1	2	0

按技术分类，如表3-40，中国水产科学研究院育种技术H指数最高，中国海洋大学和上海海洋大学也皆以育种技术为优势。

表3-40　各机构近两年论文H指数技术分布（一）

单位：篇

	中国水产科学研究院	中国海洋大学	上海海洋大学
种质资源收集保存与评价	1	2	1
育种技术	6	4	3
其他	2	0	2

细化技术分类，如表3-41，中国水产科学研究院的优势领域表现在分子标记辅助育种和全基因组选择育种。中国海洋大学的优势领域为基因工程育种和分子标记辅助育种。上海海洋大学的优势领域为分子标记辅助育种。

表3-41　各机构近两年论文H指数技术分布（二）

单位：篇

		中国水产科学研究院	中国海洋大学	上海海洋大学
种质资源收集保存与评价	鉴定与评价	1	2	1
	收集与保存	0	0	0
育种技术	选择育种	1	1	1
	杂交育种	0	1	0
	细胞工程育种	1	1	0
	基因工程育种	1	4	1
	分子标记辅助育种	4	3	3
	全基因组选择育种	4	2	2
	其他育种技术	1	0	0
其他		2	0	2

3.3.4.2　近10年高被引论文数

本文将论文被引频次占水产遗传育种学科的前20%的论文定义为高被引论文。分析各机构近10年，高被引论文的数量。如表3-42可以发现，中国水产科学研究院高被引论文数量为18篇，占各机构总量的30%。中国海洋大学为33篇，超过了各机构总量的一半左右。上海海洋大学为9篇，占各机构总量的15%。广东海洋大学近10年高被引论文数为0。

表3-42　各机构近10年高被引论文数

	中国水产科学研究院	中国海洋大学	上海海洋大学
高被引论文数（篇）	18	33	9
百分比	30%	55%	15%

　　按照物种分布统计，如表3-43，可以发现，中国水产科学研究院的高被引论文主要集中在鱼类。中国海洋大学的高被引论文主要集中在贝类和鱼类，其中贝类相对其他机构独占鳌头。上海海洋大学也在鱼类方面具有相对优势。

表3-43　各机构近10年高被引论文数物种分布

单位：篇

	中国水产科学研究院	中国海洋大学	上海海洋大学
贝类	0	12	0
甲壳类	4	3	2
鱼类	13	9	6
藻类	1	4	0
其他	0	5	1

　　按技术分布统计，如表3-44，中国水产科学研究院在种质资源收集保存与评价领域和育种技术领域各有9篇高被引论文，中国海洋大学在育种技术领域的高被引论文数最多达17篇，上海海洋大学在种质资源收集保存与评价和育种技术领域各有4篇高被引论文。

表3-44　各机构近10年高被引论文数技术分布（一）

单位：篇

	中国水产科学研究院	中国海洋大学	上海海洋大学
种质资源收集保存与评价	9	7	4
育种技术	9	17	4
其他	0	10	1

　　细化技术主题，如表3-45，可以发现，中国水产科学研究院的卓越性领域为种质资源收集与保存，另外在分子标记辅助育种方面也表现不俗。中国海洋大学的卓越性领域则为分子标记辅助育种，另外全基因组选择育种和鉴定评价方面表现不错。上海海洋大学在多个领域都有高被引论文出现，但数量不及其他机构。

表3-45　各机构近10年高被引论文数技术分布（二）

单位：篇

		中国水产科学研究院	中国海洋大学	上海海洋大学
种质资源收集保存与评价	收集与保存	7	2	2
	鉴定与评价	1	4	2
	核心群体构建	1	1	0
育种技术	选择育种	1	0	1
	杂交育种	1	0	0
	细胞工程育种	2	2	1
	基因工程育种	0	2	1
	分子标记辅助育种	4	12	2
	全基因组选择育种	1	6	0
	其他育种技术	1	1	0
其他		0	10	1

　　继续细化技术分类，如表3-46，可以发现中国水产科学研究院的高被引论文主要集中在精子冷冻领域，中国海洋大学的高被引论文集中在微卫星标记和精细图谱构建领域。上海海洋大学在种质资源鉴定与评价和雌核发育等方面具有相对的卓越性优势。

表3-46　各机构近10年高被引论文数技术分布（三）

单位：篇

			中国水产科学研究院	中国海洋大学	上海海洋大学
种质资源收集保存与评价	收集与保存	冷冻胚胎	2	0	0
		精子冷冻	5	2	2
	鉴定与评价		1	4	2
	核心群体构建		1	1	0
育种技术	选择育种	BLUP	1	0	0
		其他	0	0	1
	杂交育种	种间杂交	1	0	0
	细胞工程育种	细胞克隆	1	2	0
		雌核发育	1	0	1
		多倍体育种	0	0	1
	基因工程育种	其他	0	2	0

			中国水产科学研究院	中国海洋大学	上海海洋大学
育种技术	分子标记辅助育种	微卫星标记	2	6	1
		SNP	0	2	0
		基因标记	0	2	0
		QTL定位	1	2	0
		其他	2	1	2
	全基因组选择育种	精细图谱构建	1	6	0
	其他育种技术		1	1	0
其他			0	10	1

3.3.4.3 近两年高影响力期刊论文数

ISI每年出版的期刊引证报告（Journal Citation Reports）对8 000多种期刊之间的引用和被引用数据进行统计、运算，并针对每种期刊定义了影响因子（Impact Factor）。一种期刊的影响因子，指的是该刊前两年发表的文献在当前年的平均被引用次数。一种刊物的影响因子越高，其刊载的文献被引用率就越高。一方面说明这些文献报道的研究成果影响力大；另一方面也反映该刊物的学术水平高。JCR分学科领域，通过对水产遗传育种发文的JCR研究领域进行分析，水产育种学科的论文分布在如表3-47所示的JCR学科领域中，分别将各领域期刊按影响因子从高到低排序，笔者把进入所谓学科领域前20%的期刊作为高影响力期刊。从4个机构的302条数据中析出28条国际高质量论文。

表3-47 水产遗传育种学科对应的WEB OF SCIENCE类别

Rank	Category *(linked to category information)*
1	MULTIDISCIPLINARY SCIENCES
2	GENETICS & HEREDITY
3	BIOCHEMISTRY & MOLECULAR BIOLOGY
4	BIOTECHNOLOGY & APPLIED MICROBIOLOGY
5	REPRODUCTIVE BIOLOGY
6	BIODIVERSITY CONSERVATION
7	OCEANOGRAPHY
8	MARINE & FRESHWATER BIOLOGY
9	FISHERIES
10	ZOOLOGY

研究发现，近两年中国水产科学研究院和中国海洋大学的高影响力期刊论文数量相当（表3-48），均为11篇。上海海洋大学则为6篇。广东海洋大学没有入选的国际高质量论文。

表3-48　近两年各机构高影响力期刊论文数

	中国水产科学研究院	中国海洋大学	上海海洋大学
高影响力期刊论文数（篇）	11	11	6
占比	39%	39%	22%

按物种分类，如表3-49中国水产科学研究院的高影响力期刊论文数的优势领域在鱼类和藻类。中国海洋大学的高影响力期刊论文数则在贝类和藻类。上海海洋大学的高影响力期刊论文数则在鱼类和藻类。相比于其他指标，藻类研究在各个机构中均表现突出。

表3-49　各机构近两年高影响力期刊论文数物种分布

单位：篇

	中国水产科学研究院	中国海洋大学	上海海洋大学
鱼类	7	1	3
贝类	0	5	0
藻类	3	5	3
其他	1	0	0

按技术主题分类，如表3-50，中国水产科学研究院有8篇论文集中在育种技术，3篇关于种质资源收集保存与评价。中国海洋大学有9篇关于育种技术，有2篇关于种质资源收集保存与评价。上海海洋大学则有5篇是关于育种技术领域。

表3-50　各机构近两年高影响力期刊论文数技术分布（一）

单位：篇

	中国水产科学研究院	中国海洋大学	上海海洋大学
种质资源收集保存与评价	3	2	0
育种技术	8	9	5
其他	0	1	1

细化技术主题分类，如表3-51，中国水产科学研究院的高影响力期刊论文主要关于细胞工程育种，上海海洋大学的高影响力期刊论文主要关于分子标记辅助育种，上海海洋大学则在选择育种和基因工程育种方面具有相对优势。

表3-51　各机构近两年高影响力期刊论文数技术分布（二）

单位：篇

		中国水产科学研究院	中国海洋大学	上海海洋大学
种质资源收集保存与评价	鉴定与评价	2	2	0
	核心群体构建	1	0	0
育种技术	选择育种	0	0	2
	杂交育种	0	1	0
	细胞工程育种	4	2	0
	基因工程育种	0	1	2
	分子标记辅助育种	2	4	2
	全基因组选择育种	1	2	0
	其他	1	1	0
其他		0	1	1

　　进一步挖掘技术主题，如表3-52，可以发现各研究机构的高影响力期刊论文分布并没有特别集中的趋势，各个技术领域大多只有1～2篇的高影响力期刊论文，中国水产科学研究院在种质资源鉴定与评价、雌核发育方面具有卓越性优势，中国海洋大学在种内杂交、基因标记、精细图谱构建方面具有卓越性优势，上海海洋大学的卓越性优势则体现在BLUP技术方面。

表3-52　各机构近两年高影响力期刊论文数技术分布（三）

单位：篇

			中国水产科学研究院	中国海洋大学	上海海洋大学
种质资源收集保存与评价	鉴定与评价		2	1	0
	核心群体构建		1	0	0
育种技术	选择育种	BLUP	0	0	1
		其他	0	0	1
	杂交育种	种内杂交	0	1	0
	细胞工程育种	细胞克隆	1	0	0
		雌核发育	2	1	0
		其他	1	1	0

			中国水产科学研究院	中国海洋大学	上海海洋大学
育种技术	基因工程育种	其他	0	1	1
	分子标记辅助育种	微卫星标记	1	2	0
		基因标记	0	1	0
		QTL定位	1	1	0
		其他	1	0	2
	全基因组选择育种	精细图谱构建	1	2	0
	其他育种技术		1	1	0
其他			0	1	1

3.4 学科竞争力分析

通过对中国水产科学研究院及其目标机构水产遗传育种学科的科研生产力、科研影响力和科研竞争各项指标的分析和评价，可以发现各机构水产遗传育种学科科研现状具有一系列的特征，分析这些特征有助于了解国内水产遗传育种学科的发展现状和方向，明确中国水产科学研究院自身的优势和劣势，学习他人之长，弥补自身之短。分析各类特征，总结如下。

3.4.1 总体竞争力特征

3.4.1.1 中国水产科学研究院基础研究实力略低于中国海洋大学

基础研究作为一种社会活动和现象，旨在探索自然界的规律、追求新的发展、积累科学知识、创立新的学说，为认知世界和改造世界提供理论和方法。《国家自然科学基金委员会 中国基础学科发展报告》发表科技论文是基础研究成果的主要表现形式之一。在目标机构的对比中，中国海洋大学在多项指标中都拔得头筹，如近10年论文数量、近10年论文被引次数、近两年论文H指数、近10年高被引论文数等方面，说明在在近10年内，中国海洋大学的发文数量、质量和业内影响力都处于水产行业的领先水平，整体上基础研究生产力实力雄厚，应为中国水产科学研究院的目标赶超机构。

3.4.1.2 中国水产科学研究院应用领域产出优势突出

专利代表技术发明活动的产出，借助专利指标和数据能够分析发明活动、技术发展水平、技术变革的速度和方向以及科技竞争力。因此，发明专利相对于科技论文更加能够反映应用类研究技术发展水平。从近10年水产遗传育种学科授权发明专利的数量上看，中国水产科学研究院具有十分明显的优势，授权总量达93项，远超过中国海洋大学的19篇，上海海洋大学的9篇和广东海洋大学的1篇。我国从1996年起开始进行水产品新品种的认定，得到认定的新品种数量是良种培育领域科研产出的直接体现，从近10年新认定水产新品种数量上看，中国水产科学研究院数量最大，是排名第二的中国海洋大学的2倍，是上海海洋大学的6倍。再次，从成果的转让数量方面看，近5年发生成果转让的仅2项，其中1项就属于中国水产科学研究院。

3.4.1.3 中国水产科学研究院和上海海洋大学近两年发展成效显著

本书分别设置了长、短期指标，以彰显不同时期各机构研究实力和侧重点的变化。可以发现，从近10年积累的论文情况上说，中国海洋大学论文总量最大，论文被引频次也最高，且领先优势明显，然而，从近两年的数据上看，在生产力方面，中国水产科学研究院的论文量已经超过了中国海洋大学，在影响力方面，论文被引量与中国海洋大学的差距也有显著缩小，在卓越性方面，中国水产科学研究院发表在高影响力期刊上的论文数量与中国海洋大学持平。可以看出，中国水产科学研究院近两年水产遗传育种学科发展迅速，进步突出。此外，上海海洋大学在水产遗传育种学科的论文量和被引次数与中国海洋大学的差距也在缩小，反映其同样加大了对水产遗传育种学科基础研究的重视，产出能力增强。广东海洋大学近两年未有论文发表。

3.4.1.4 各机构科技成果转化力有待加强，中国水产科学研究院具有相对优势

自行实施、许可和转让是专利转移转化的三种方式，由于自行实施需要较大的人力、物力和财力支撑，目前我国高校和科研机构专利转移转化主要涉及许可和转让两种方式。目前，国际上把技术的转让与许可作为衡量技术转移的重要指标，这也是我国衡量科技成果转移转化情况的重要方面。近10年所有授权发明专利中，发生权利许可与转让的仅有2项，且均属于中国水产科学研究院，说明各机构科技成果转移转化水平普遍较低，其中中国水产科学研究院在科技成果转移转化方面较其他机构具备优势。

3.4.2 水产遗传育种研究物种的特征

3.4.2.1 鱼类育种始终是研究热点和重点，中国水产科学研究院优势明显

从本文的各项指标看，近10年来，相比于贝类、甲壳类和藻类育种，鱼类育种始终是各机构研究的热点和重点，在基础研究方面，中国水产科学研究院、中国海洋大

学和上海海洋大学的近10年论文数量和近两年论文数量均以鱼类育种为最高，应用研究方面，鱼类育种的优势也较明显，中国水产科学研究院和上海海洋大学的鱼类育种专利数量和新品种数量均超过了其他物种，其中以中国水产科学研究院的优势最为明显，其SCI论文数量、高被引论文数量均超过其他机构的1/3以上，新品种数量、专利数量、高影响力期刊论文数更是超过了其他机构数倍，说明中国水产科学研究院在鱼类育种的科研生产力、科研影响力和科研卓越性均具有十分显著的优势。

3.4.2.2　贝类育种科研生产力增量明显，质量和影响力一般

贝类育种是中国海洋大学的优势领域，从近10年积累的论文情况看，上海海洋大学的贝类育种论文数量为43篇，与其鱼类育种论文数量基本持平，而其他机构仅4到6篇。近两年，中国海洋大学、中国水产科学研究院和上海海洋大学的贝类育种论文数量分别占到近10年的40%，50%和83%，近两年各机构贝类育种论文产出均增长快速。中国水产科学研究院和上海海洋大学基础较弱，但近两年新增论文成果比例已经超过了中国海洋大学。但从论文被引频次、高被引论文数量、高影响力期刊论文数量上看，近两年中国海洋大学的贝类育种优势仍然明显优于其他机构。从近10年积累的专利上看，中国海洋的贝类育种专利数量超过本机构其他物种育种专利数量，也超过其他机构的贝类育种专利数量，说明中国海洋大学在贝类育种技术积累方面优势明显。从近10年积累的被审定的新品种数量上看，中国海洋大学已有4项新品种，而中国水产科学研究院、广东海洋大学还未有贝类新品种，上海海洋大学仅有1项贝类新品种。整体看，贝类育种的优势研究机构是中国海洋大学，中国水产科学研究院、上海海洋大学和广东海洋大学在基础研究成果数量上正快速追赶，但从论文的质量、影响力及服务于产业的效果上仍然与中国海洋大学差距较大。

3.4.2.3　甲壳类育种科研优势集中

甲壳类育种是中国水产科学研究院的基础研究优势领域，其近10年SCI论文发表量达到25篇，中国海洋大学为15篇，上海海洋大学为3篇。中国水产科学研究院的甲壳类育种优势在近两年得到凸显，近两年论文占全部论文比例超过其他几个机构。甲壳类育种也是中国水产科学研究院的技术优势领域，其专利数量达到20篇，远超其他各机构。仅有的2项发生许可转让的专利，也均属于中国水产科学研究院。此外，从新品种数量看，中国水产科学研究院具有4项甲壳类动物的新品种，而其他机构均没有相关新品种。可见，无论从基础研究的成果数量还是从应用研究的成果数量上看，中国水产科学研究院甲壳类育种都具备显著的优势，且产业应用程度、科技成果转化程度均优于其他机构。

3.4.2.4 藻类育种论文量偏低但质量更高

藻类育种研究的基础研究论文总产量低于其他几个物种。中国海洋大学的藻类育种论文量大于其他机构，增速平缓，近两年藻类育种论文占近10年的20%。中国水产科学研究院、上海海洋大学和广东海洋大学藻类育种基础相对薄弱，但中国水产科学研究院近两年论文增长迅速，占近10年的67%，上海海洋大学增速平缓，占近10年的14%。中国海洋大学在专利数量和新品种数量方面也占明显优势。值得注意的是，藻类育种高影响力期刊论文数总量最大，且中国海洋大学、中国水产科学研究院、上海海洋大学均有数篇藻类高影响力期刊论文，说明，虽然论文总产出量较其他物种相对较低，但高质量论文占比更大，对知识的发展和进步贡献更大。

3.4.3　水产遗传育种学科技术体征

3.4.3.1　育种不同阶段的成果产出形式不同

水产遗传育种研究的主题可以分成三类：第一类是种质资源收集保存与评价；第二类是水产遗传育种技术；第三类是种质资源推广。SCI论文等基础研究的成果集中于第一类和第二类，专利和获奖成果则在三个领域均有所涉及。以育种技术直接相关的主题成果产出量最高，种质资源收集保存与评价其次，种质资源推广最少。

3.4.3.2　种质资源收集保存与评价

水产种质资源是水产育种的重要原料。为适应渔业发展结构性调整的需要，我国相继出台了《中华人民共和国渔业法》、《水产苗种管理办法》等法律法规，对水产种质资源的保护、开发与利用作出了具体的规定。尽管如此，由于我国水产种质资源的研究、保护和利用工作与农业其他方面相比起步较晚，仍然面临着诸多问题和困难。据调研，该领域目前涉及的重点、热点主题可以分为三类：第一类是种质资源的收集与保存；第二类是种质资源的鉴定与评价；第三类是核心群体构建。种质资源收集与保存的重点技术主要有冷冻胚胎、精子冷冻和细胞冷冻。收集保存方面，从SCI论文看，精子冷冻技术是中国水产科学研究院的优势领域，近10年共有14篇论文发表，中国海洋大学为6篇，上海海洋大学为3篇。中国水产科学研究院在冷冻胚胎领域也具有相对优势，近10年有4篇论文发表，上海海洋大学为一篇，其他机构为0。中国海洋大学的技术优势则在于细胞冷冻，该技术是其他机构的技术空白点。从论文质量、影响力、专利申请情况看，也呈现相同的趋势。鉴定与评价方面，从SCI论文看，中国海洋大学的研究基础更好，近10年累计的论文数量最大，中国水产科学研究院近两年表现突出，近两年发表的论文量与中国海洋大学基本持平。从专利看，中国水产科学研究院技术优势明显，专利量远高于其他机构。核心群体构建领域，各机构实力相当，中国水产科学研究院和中国海洋大学各有1篇SCI论文，未有相关专利。因此，可以认为，种质资源收集、保存与评价是各机构共同关注的领域，中国水产科学研究院以冷冻胚胎、精子冷冻等种质资源收集保存技术见长，中国海洋大学则以细胞冷冻进行收集保存为优势。鉴定与评价方面，中国海洋大学基础研究起步较早，积累深厚，中国水产科学研究院近两年发展迅速，且在技术专利方面具备优势。上海海洋大学在各方面略有涉及，但学术成果产出量总体不高。广东海洋大学仅在种质资源鉴定与评价方面略有涉及。

3.4.3.3　育种技术

从育种的历史讲，早期育种技术方法主要是选择育种和杂交育种，从20世纪60年代开始，遗传学和其他自然科学的不断发展，大大充实了育种的内容，新发展了多项育种技术。根据调研，当前的重点热点育种方法主要有选择育种、杂交育种、细胞工程育种、分子标记辅助育种、全基因组选择育种。一方面，传统的育种方法选择育种和杂交育种历史悠久，目前仍然行之有效，从农业部审定的新品种数量看，选择育种与杂交育种是目前实际应用中最为主流的育种方法，细胞水平和分子水平的育种也多于传统育种方法结合应用。从机构层面上看，各机构在反映基础研究水平的论文方面和反映应用技术水平的专利和新品种方面具有不同的表现，在专利数量和新品种数量方面，中国水产科学研究院在选择育种和杂交育种方面都远超其他机构，尤以群体选育、家系选育和种间杂交技术见长，而从SCI论文方面，中国水产科学研究院的杂交育种论文量则低于中国海洋大学，中国水产科学研究院有种间杂交论文3篇，而中国海洋大学分别有9篇种间杂交论文和4篇种内杂交论文。在选择育种方面，SCI论文主要集中于BLUP技术领域，这与专利和新品种的产出形式也有所不同。传统育种的被引频次和高影响力期刊论文也低于细胞水平和分子水平的育种。另一方面，新型育种方法在基础研究等方面论文数量表现优势。论文量最大的是分子标记辅助育种，中国海洋大学、中国水产科学研究院、上海海洋大学均以该领域为研究的热点和重点，其中，中国海洋大学论文量最大，中国水产科学研究院第二，上海海洋大学第三，在论文的被引频次和发文质量方面，中国海洋大学的表现也优于其他机构。但从近两年论文数量看，中国水产科学研究院和上海海洋大学有明显的赶超趋势。分子标记育种在授权专利方面相对于其他新型育种方法也表现出优势，中国水产科学研究院的相关专利最多，且已有数个应用该技术的新品种育成。细胞工程育种也是各机构研究的热点，主要方法有细胞克隆、雌核发育和多倍体育种。从SCI论文量看，中国海洋大学在各项技术的基础研究中力量较为均衡，均有3篇SCI论文发表，中国水产科学研究院则在雌核发育中表现出明显的高水平论文优势，但这种优势在专利技术中并没有得到很好的体现。全基因组选择育种中，精细图谱构建在SCI论文中得到了更高的关注，中国海洋大学论文量最高，中国水产科学研究院略低，但近两年发展速度迅猛。因此，总体看来，现代育种学提出一些新概念、新方法，这些新特点在研究工作中已经有了较好的体现，有大量的SCI论文、专利以及获奖成果产生，但从新品种情况看，应用新技术培育产生的新品种并不多，有少量应用细胞工程育种和分子标记辅助育种与传统育种相结合培育的新品种。分子标记辅助育种是关注度最高的热点技术，中国海洋大学在该领域基础研究积累深厚，中国水产科学研究院进步较快，且在技术专利方面上见长。

3.4.3.4　种质资源推广

无论从SCI论文、专利、还是获奖成果上看，种质资源的推广都是成果产出量最少的领域，这一方面与该领域的成果产出形式相关；另一方面也说明该领域在基础研究中略显薄弱。从授权专利方面看，3篇相关专利全部属于中国水产科学研究院。

参考文献

柏媛. 2011. 国家社会科学基金项目科研产出的文献计量分析——以图情档学科为例[D]. 中国科学技术信息研究所.

陈宝明. 多维度评价科技成果转化[N]. 科技日报.

董琳. 2010. 学科评价之文献计量数据准备[J]. 情报理论与实践, (06):49-52.

国家自然科学基金委员会. 2011. 中国基础研究发展报告[M]. 知识产权出版社.

季淑娟, 董月玲, 王晓丽. 2011. 基于文献计量方法的学科评价研究[J]. 情报理论与实践, 11:21-25.

刘辉锋, 杨起全. 2008. 基于论文与专利指标评价当前我国的科技产出[J]. 科技管理研究, (08):48-50.

刘敏娟, 王婷. 2014. 中国农业科学院科研产出及学术影响力评价[M]. 中国农业科学技术出版社.

马强, 陈建新. 2001. 同行评议方法在科学基金项目管理绩效评估中的应用[J]. 科技管理研究, (4):37.

苏为华. 2000. 多指标综合评价理论与方法问题研究[D]. 厦门:厦门大学, 153-192.

苏学, 吴广印. 2010. 科研创新产出评价指标体系的初步构建[J]. 情报杂志, S1:138-140.

孙鹤, 陈志华, 韩金玉. 2009. 学科评估在高校学科建设中的作用探析[Z]. (01), 56-59.

汪平忠, 倪瑞明. 1994. 《德意志研究联合会科学研究资助任务和财政计划》（第八卷）[M]. 北京：科学出版社, 6-7.

王清印. 2008. 水产遗传育种领域成就与展望: 中国水产科学研究院成立30周年——回顾与展望[Z].

吴桂鸿. 2006. 社会科学研究成果评价指标体系研究[D]. 湖南：湖南大学.

徐建华. 2002. 现代地理学中的数学方法[M]. 北京:高等教育出版社, 328-329.

叶继元. 2006. 学术期刊的定性与定量评价[J]. 图书馆论坛, 6:54-58.

曾首英, 欧阳海鹰. 2008. 中国水产种质资源保存共享现状与建议[J]. 现代渔业信息, (04):9-11.

中国社会科学院外事局辑. 2001. 美国社会科学现状与发展[M]. 社会科学文献出版社, 370-393.

中国知识产权研究会网站. 2013. 高校和科研机构专利转移转化情况调查[Z].

朱乔. 1994. 数据包络分析(DEA)方法综述与展望[J]. 系统工程理论方法应用, 3(4): 1-9.

GARFIELD E. 1979. Citation indexing-its theory and application in Science, technology, and humanities [M]. Philadelphia, ISI Press, 63–21.

HENK E. Moed, 2010. Research Assessment in Social Science and Humanities [EB/OL].http://www.lingue.unibo.it/evaluationin-thehumanities/Research Assessment in Social Science and Humanities.pdf. 10–15.

KOSTOFF R. 1998. The use and misuse of citation analysis in research evaluation [J], Scientometrics, 43(1):27–4326.

MOED HF. 2005. Citation analysis in research evaluation [J].Springer, 25–34.

Performanceandaccountabilityreport-facialyear2005,Http://www.enh.gov/whoeare/pdf/par 2005. pdf.

ROBERT KM. 1973. The Sociology of Science: Theoretical and Empirical Investigations. Chicago [M].Chicago University of Chicago Press, 443.

STEPHEN C, LEONARD R, JONATHAN RC. 1977. Peer Review and the Support of Science[J], Scientific American, 237(4):34–41.

University Funding-Information on the Role of Peer Review at NSF and NIH,PB87–108944,5.